书·语

夏小奇 著

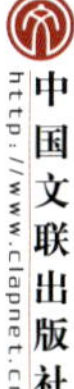
中国文联出版社
http://www.clapnet.cn

图书在版编目（ＣＩＰ）数据

书·语 / 夏小奇著. -- 北京 : 中国文联出版社,
2022.2
ISBN 978-7-5190-4740-5

Ⅰ. ①书… Ⅱ. ①夏… Ⅲ. ①书籍装帧－设计 Ⅳ.
①TS881

中国版本图书馆 CIP 数据核字(2022)第 010531 号

作　　者　夏小奇
责任编辑　周劲松　李小欧
责任校对　潘传兵
装帧设计　夏小奇　刘圆圆

出版发行　中国文联出版社有限公司
社　　址　北京市朝阳区农展馆南里 10 号　　　邮编　100125
电　　话　010-85923025（发行部）　010-85923091（总编室）
经　　销　全国新华书店等
印　　刷　北京北印印务有限公司

开　　本　787 毫米 x 1092 毫米　　1/16
印　　张　12.5
字　　数　116 千字
版　　次　2022 年 2 月第 1 版第 1 次印刷
定　　价　56.00 元

带你走进书籍设计的世界

自序

近年来，我在大学一直从事书籍设计教学和研究工作，与师生们共同关注、探讨书籍设计的多样性问题。

随着人类历史的变迁与科学技术的发展，以及人们的审美心理、时尚爱好与文化知识的需求，书籍设计理念也在不断地发生改变。书籍设计从策划、设计、印制、装订到完成，是一个完整的过程。设计者对书籍的选题、开本、形态、文字、图形、色彩等的合理编排与艺术表现，对纸张、材料以及印刷工艺、装订方式的选择，都要体现设计形式与文本内容的深度契合，文字与图像的和谐共生，设计与印刷由外到内的完美结合，使书籍成为一个有情感温度、审美格调、文化内涵及富有生命感的完整有机体。当阅读伊始，随着阅读时间的延续展开，图书便由静态转化为动态，页面空间在或疾或徐或暂时停顿中流动。空间在时间中运动，时间在空间中延续，这种时空一体的独特结构，演绎出书籍设计的匠心独运，以及读者在阅读过程中的审美享受。

今天，随着现代科技的高速发展，消费文化的泛滥，书籍设计中的传统手工设计逐渐被数字化电脑设计所取代。数字化技术的不断进步，使得设计的工作效率大大提高，并且在被使用过程中，超越了自身的工具化属性，呈现出一定的美学特征，也使得设计的艺术效果更加丰富，极大地推动了书籍设计的发展。但是，我们绝不能抱有“技术至上”的思想，如果脱离人文精神，企图孤立地在数字技术中挖掘新艺术形式，难免会使书籍设计走向一个缺失艺术生命力的冰冷极端。

在数字化时代，书籍设计家需要通过加强优秀传统艺术的传承、创新和发展，结合现代艺术观念，用立体的可视形象，拓展思维与审美空间，使书籍设计既准确体现文本主题，又充分发挥艺术创作的能动作用，强化书籍形态设计的艺术感染魅力，打破原有的阅读方式，体现书籍形态设计的创新性、独特性，给读者提供新颖的阅读形式，在阅读过程中与书籍设计者形成交流与互动。尤其是在开展书籍设计多样性中的整体结构意识、文化传承意识、生命节奏意识、虚实变化意识、材料选择意识、工艺契合意识、读者心理感受意识等方面的研究，为开创书籍设计的时代性、现代性与民族性提供必要的理论与实践的支持。

目录

书籍·构成·······001–026

书籍·形态·······027–072

书籍·材质·······073–104

书籍·时空·······105–136

书籍·插图·······137–158

书籍·页码·······159–178

书籍·书脊·······179–199

书籍·构成

书籍·构成

书籍是人类进步的阶梯。在终生学习的时代，书籍可说是我们的终身伴侣。

书籍在我国的出现可上溯到春秋战国时期。我国历史上的伟大经典著作，如《易经》《诗经》《春秋》等都成书于这一时期。

书籍最初只是作为记事和传播思想、文化的载体。在以木牍为书的时代，无所谓装帧设计。今天，装帧设计越来越成为书籍不可或缺的组成部分。装帧设计赋予书籍以形式美感，她以可视形象的方式，阐释书籍的主题，在文化产业市场竞争中，她又成为争夺读者注意力的先锋。在现代信息社会，书籍设计的价值越来越受到作家、出版家、读者和媒体的高度重视，甚至被出版界视为书籍的第二生命。

随着社会文明程度的提高，经济的迅猛发展，计算机数字技术的进步，特别是书籍装帧设计家的不懈创造，使书籍设计的审美功能得以升华和拓展，逐渐形成一种书籍审美文化。

书籍设计不同于绘画创作。书籍设计有着

很强的规定性、局限性和特殊性。设计家要运用设计语言、形式，在多重局限中创造，特别是要根据书籍内容发挥艺术想象，施展创造才华。

在书籍设计中，“点、线、面、色彩”成为设计语言的最基本的四大要素。书籍设计家像音乐家一样，要善于利用“基本音符”组构出美妙的乐章；像导演一样，要善于调度“主要角色”演出有声有色的活剧。从书籍设计的形式来讲，“点、线、面、色彩”的不同方式的组合、结构，可以创生出千变万化的艺术形式。“点、线、面、色彩”四大基本语言要素如何在书籍设计中结构，又如何在整体结构中发挥各自的艺术作用，体现出设计创意匠心。

从造型设计的角度来看，点是一切自然形态的基础。点只有相对的位置而无大小。点是线的开端和终结，也是两线的相交处。巧妙地利用点可以在封面设计中创造不同的效果。当人们将视线集中在平面的点时，这个点在人们的视觉和心理上会产生一种扩张的感觉，以及向四周放射的力量。书籍设计家经常会利用点的这种张力作用，设计封面的题目，使书的题

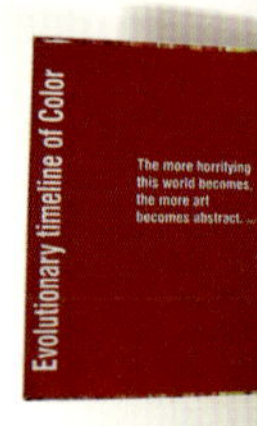

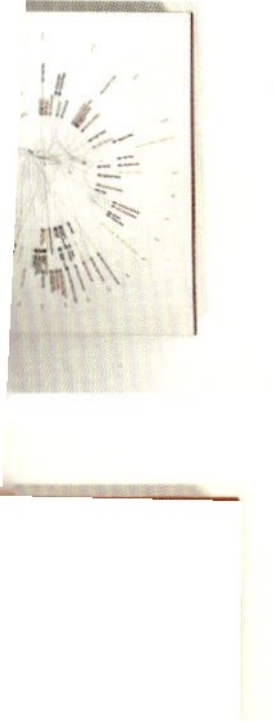

目具有一种单纯的对比，产生出放射性的张力，打动读者。同时，点也具有一种凝聚力，在视觉上产生集中的感觉。

有些书籍封面设计从书名到封底的图案都采用了点的方式。点与平面的对比，拉大了题目与封面平面的空间，不但给读者一个广阔的想象空间，而且更具单纯化、抒情化的艺术效果。

在一个平面中，设置间隔相等的点于一条实际并不存在的直线或曲线上时，这时点的有序排列会产生线的感觉。设计家利用这种心理反应，在封面设计中以每个字为点，将许多字有规则地等距排列，就会出现一条或宽或细的虚线效果，这种虚线效果经常出现在封面的副标题、英文标题、出版社、内文摘要的设计上。不同粗细的“虚线”在读者心理上消除了点的游离感，增强了每个“点”之间的连贯性。由于副标题、英文标题等字体大小的不同，所形成线的强弱、虚实也就不同，从而产生版面的变化和节奏感，起到了单纯中求变化，变化中复归单纯的作用。

在书籍的设计中，一般说来直线表示静态、

呆板，如何在这四条规则的条线所形成的方形平面上设计创造出生动、鲜活艺术生命，对线这个在造型设计中不可缺少的构成要素要有深刻的理解。

线在书籍设计中发挥着很重要的作用。线比点具有更强的感情性格。线有两种形态，直线和曲线。每一种形态又分出许多种，如粗直线、细直线、锯状直线、规则曲线、自由曲线等。线又有不同方向，如垂直线、水平线、斜线。此外线还能表现出力量的强弱、速度的大小。由于设计者在封面设计过程中根据创意的需要，所选用的纸张、笔等工具材料不同，就会产生种类繁多、不同效果的线。

不同种类的线的情感色彩也有所不同。直线，代表一种男性力量的美，曲线则象征女性的和平、寂静，斜线则使人感到飞跃、向上或向前进运动的感觉。用尺量的无机直线缺少人情味，给人一种冷冰冰的感觉。曲线一般体现一种柔软、幽雅、自由、圆润以及富有弹性。如果一根曲线变化过多也会缺少弹性和张力，会显得软弱无力，缺乏韵律和美感。当然，线在特定的场合下也会产生本身不具备的错觉效

果。因此，只有了解线的不同种类所体现的不同效果，才能在书籍设计中较好地应用它。比如：直线在书籍的封面设计中具有简单明了、朴素大方的特点，使封面的视觉产生一种严肃、庄重、高雅的效果。

如果在书籍设计中，将线作为主要语言，既要了解不同线的特性，同时还应掌握形式美的法则，按照形式美的规律去设计。在设计中注重线的表现力，线的疏密，线的动感以及线的韵律和节奏，这样才能使线在书籍设计中得到极大的发挥和创造。

在自然界中，面所具有的形态是多种多样的，如正方形、长方形、菱形、扇形、圆形、椭圆形、自由曲线形、不规则形等。

面是书籍设计中的一个重要构成因素。不同种类的面有着不同的性格特点，在设计中所形成的效果也各有不同。如正方形在心理上具有简洁、安定、井然有序的感觉，具有一定的硬度。曲线中的正圆形，较直线形柔软，有数理性秩序感，但过于严谨则有呆板缺少变化的缺陷。而其中扁圆形较正圆形更富美感，在心理上能产生一种自由整齐的感觉。自由曲线形不具备几何形的秩序感，但却富于韵律感，在人们的心理上可产生优雅、魅力、柔软和人情味的感觉。如果面不经过形式法则的处理，有时会出现散漫、无序、繁杂之感。

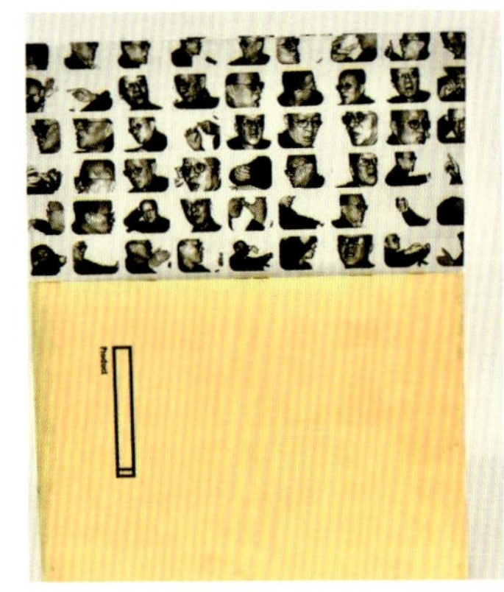

在书籍的设计上任何要素都可能会以面的形态出现，或文字，或图形，或色块。我们可以将书籍看作一个立方体，充分利用面的不同形态，造成强烈的视觉冲击力。不同形态面的结构性设计，既丰富了书籍的艺术形式，又增添了阅读中的趣味性。

在书籍设计中，面的各种形态及对比关系的有机安排，在设计上会产生整体、简练、大气，构成空间感的艺术效果。在书封设计中，如果将面处理恰当，不但不会呆板，反而会产生一种强烈的整体对比美。

色彩是长短不同的光波作用于物体反射于视网膜的结果。人对色彩的认知和敏感程度各不相同，但是“色彩对人这样的有机体能产生巨大的作用，并且直接影响着精神”（康定斯基），这是不容置疑的事实。心理实验证明，不同的色彩有不同的情绪反映，并使人产生联想。红色显示出火焰般的热烈，奔放的激情，

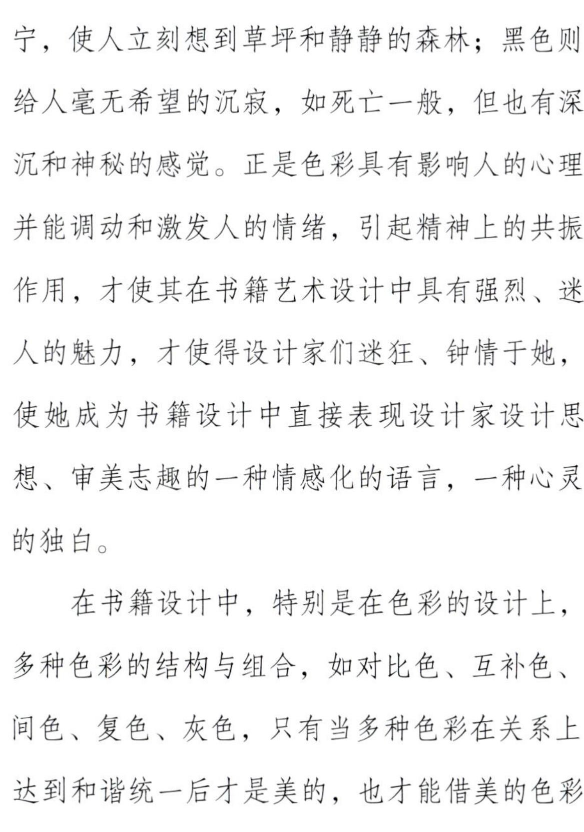

使人联想起革命的情景；黄色热情洋溢，有突进的品性，使人精神焕发，但有时也会产生狂躁和不安；蓝色给人的是清凉、悠远与宁静，让人想起天空和大海；绿色使人感到和平、安宁，使人立刻想到草坪和静静的森林；黑色则给人毫无希望的沉寂，如死亡一般，但也有深沉和神秘的感觉。正是色彩具有影响人的心理并能调动和激发人的情绪，引起精神上的共振作用，才使其在书籍艺术设计中具有强烈、迷人的魅力，才使得设计家们迷狂、钟情于她，使她成为书籍设计中直接表现设计家设计思想、审美志趣的一种情感化的语言，一种心灵的独白。

在书籍设计中，特别是在色彩的设计上，多种色彩的结构与组合，如对比色、互补色、间色、复色、灰色，只有当多种色彩在关系上达到和谐统一后才是美的，也才能借美的色彩语言传达设计者特有的设计意图。不同色彩的特殊结构如不同音符组成动人的旋律，又如字词的特殊结构组成优美的诗章一样。色彩的结构是关键，色彩的结构见匠心，色彩的结构来自独特的创意，独特、新颖的色彩结构可以化

平凡为神奇。往往一笔亮丽的色彩像高音符一样，会在书籍的整体设计上带来盎然生机，唤起人们内心深处的情感涟漪。

色彩在书籍设计中的运用，设计者通常要对书的内容、形式、风格诸方面有一个全面、充分的了解，而后根据自己的整体创意来设计书籍的色彩关系。

在计算机以数字化的语言参与书籍设计的今天，设计手段日益丰富，设计风格日趋多样化，特别是在全球化语境中，我们要充分利用民族文化资源，民族文化符号，积极吸收国际社会的先进设计思想、理念、技巧，创生出能代表民族文化的设计观念和艺术风格。

情緒
之書
The Book of
Human
Emotions
An Encyclopedia of Feeling from
Anger to Wanderlust
The Book of
Human
Emotions
An Encyclopedia of
Feeling from
Anger to Wanderlust

GRAPHIC
DESIGN
設計
VISIONARIES
改變這世界
平面設計大師力
GRAPHIC DESIGN VISIONARIES
1915-2017
職人學、座右銘與養分
改變這世界—平面設計大師力
GRAPHIC DESIGN VISIONARIES
1915-2017 職人學、座右銘與養分
Caroline Roberts

视觉刺激
触摸绘本
黑色的夜晚

RED FIGURE
LITTLE
RED FIGURE
小红人
1985 — 2002

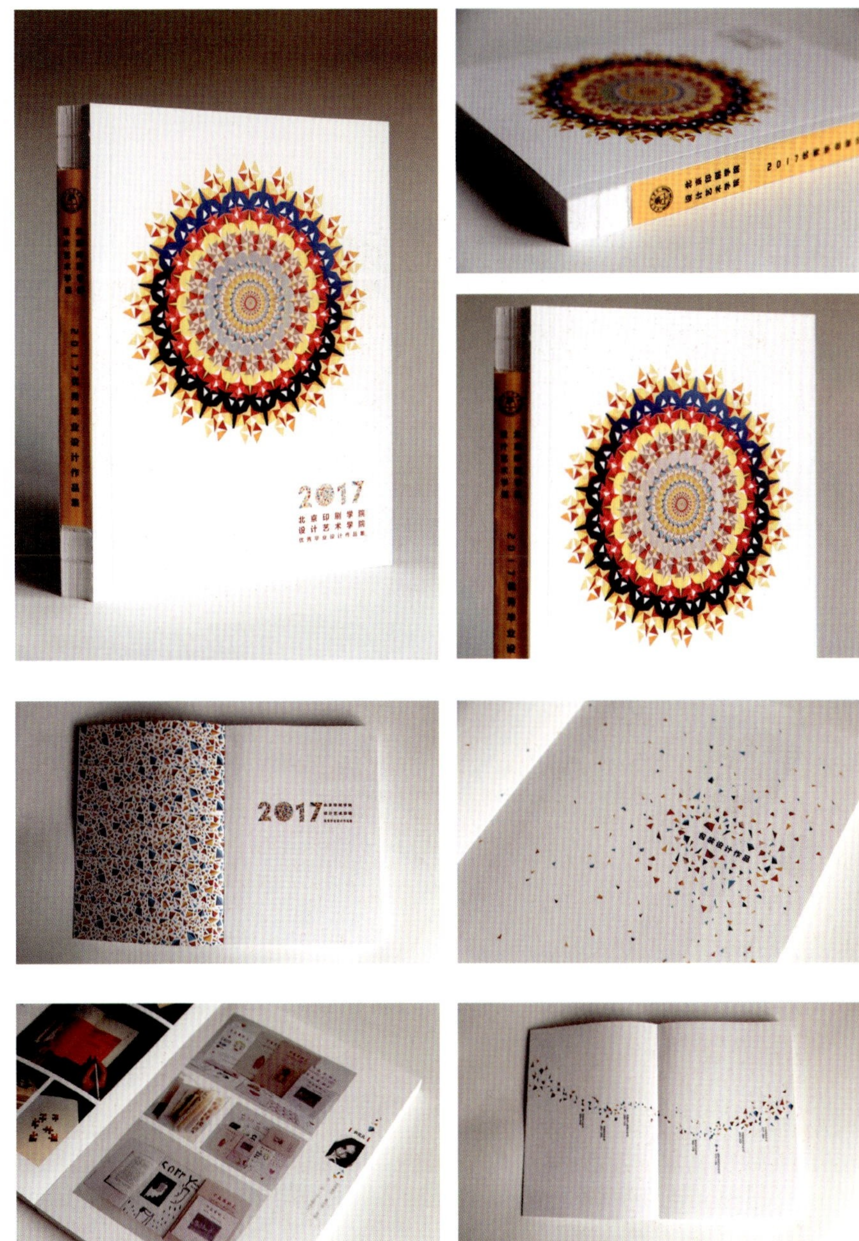
2017
北京印刷学院
设计艺术学院
优秀毕业设计作品集

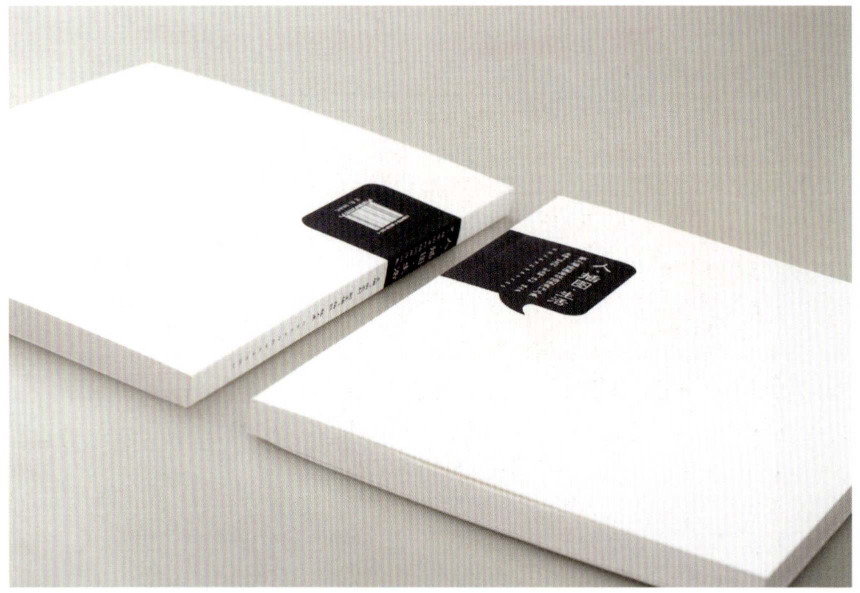

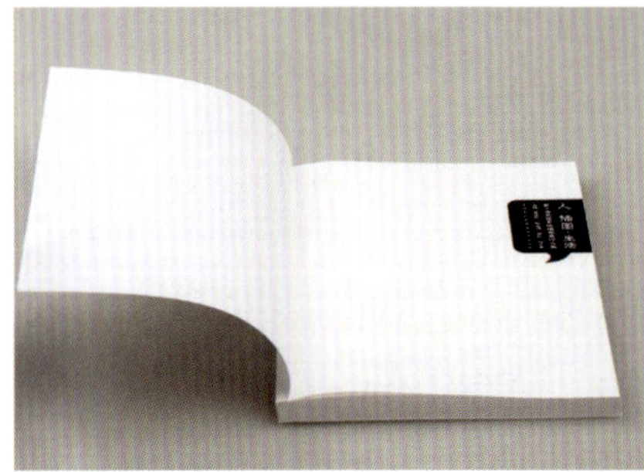

北京艺术与科学电子出版社

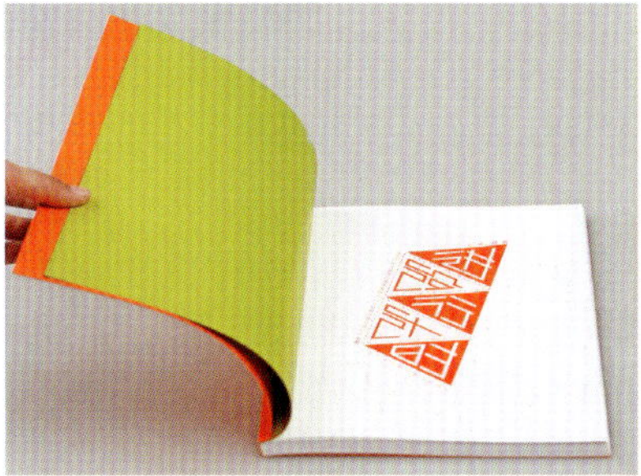

两岸四校艺术设计交流展作品集

台湾师范大学

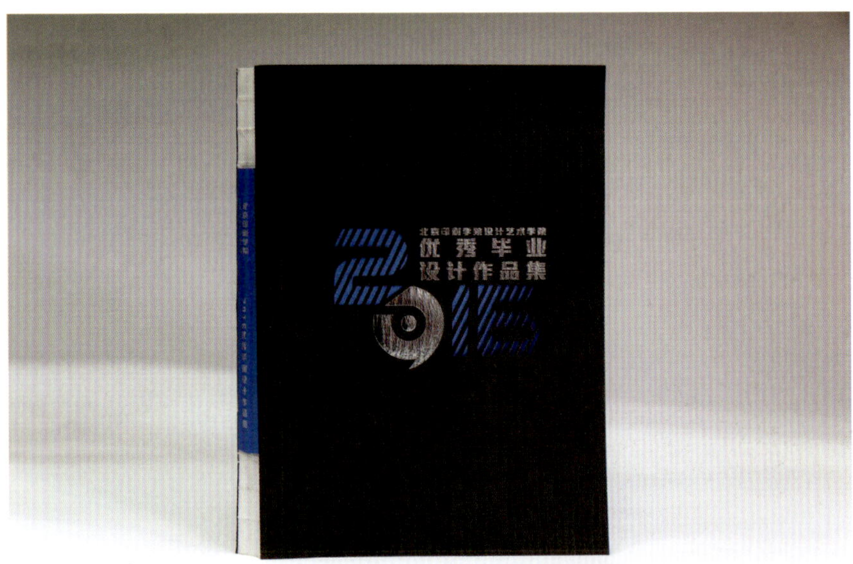
北京印刷学院设计艺术学院
优秀毕业
设计作品集
2016

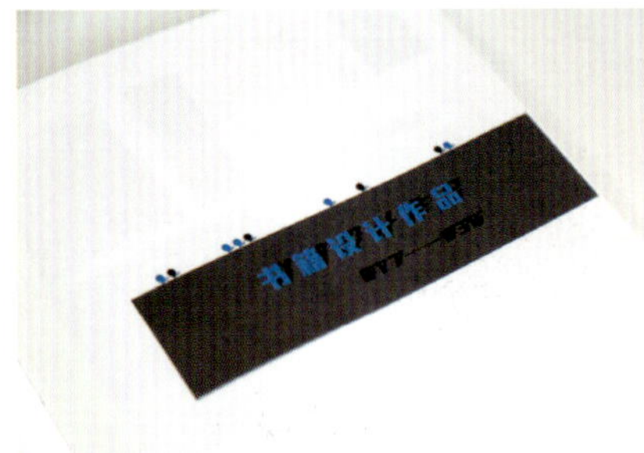
书籍设计作品

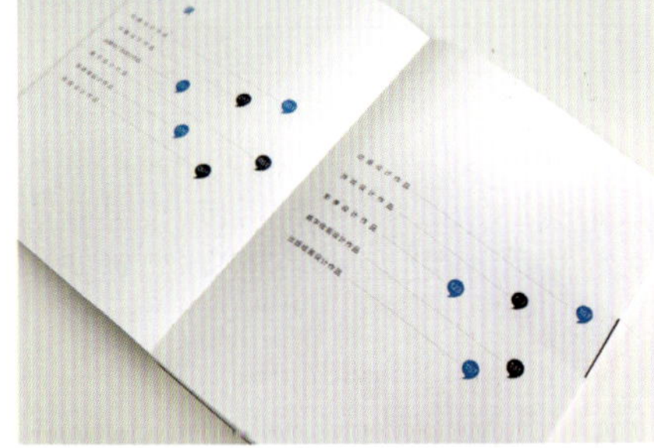

书票撷英
Excellent EX-LIBRIS

消费文化与当代设计

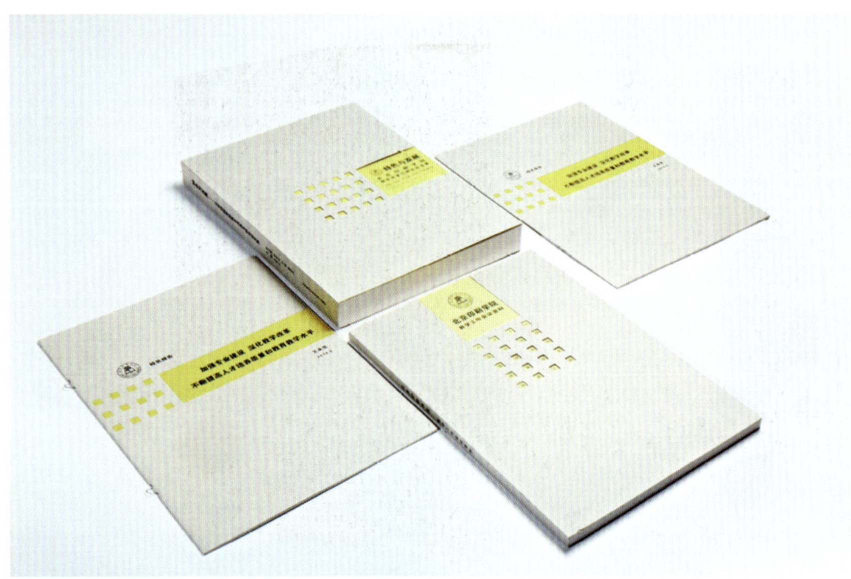
加强专业建设 深化教学改革
不断提高人才培养质量和教育教学水平
北京印刷学院

装订道场
我是猫
28 位设计师的《我是猫》
装订道场
28 位设计师的《我是猫》

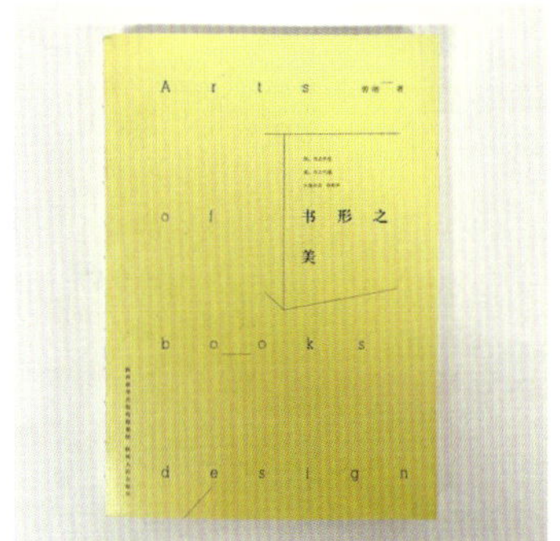
A r t s
o f
b o o k s
d e s i g n
书 形 之
美

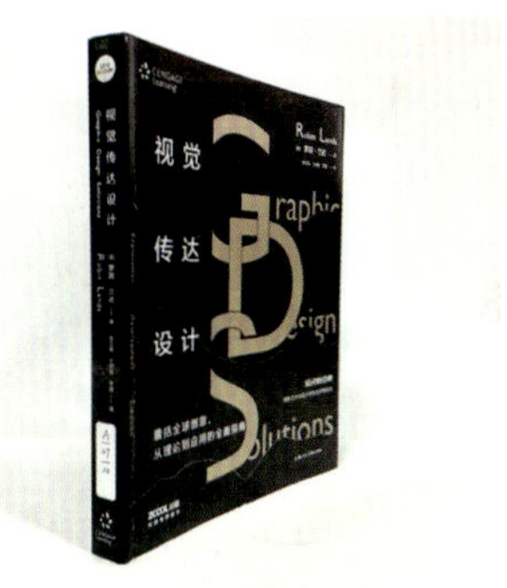
视觉传达设计
视 觉
传 达
设 计
Graphic
Design
Solutions

GRAPHIC
DESIGN
VISIONARIES
設計
平面設計
大師力
1915-2017

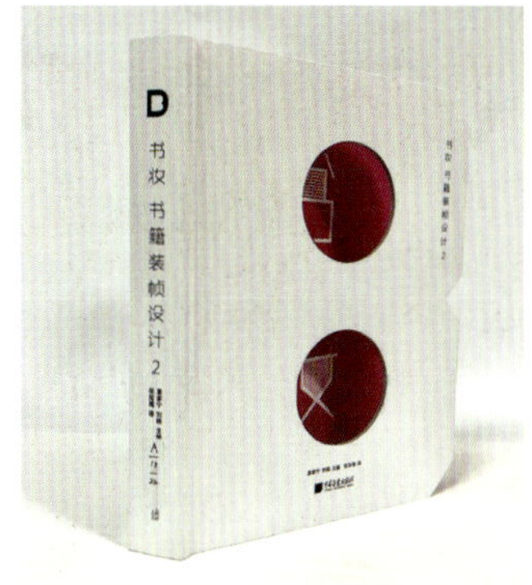
D
书妆 书籍装帧设计 2

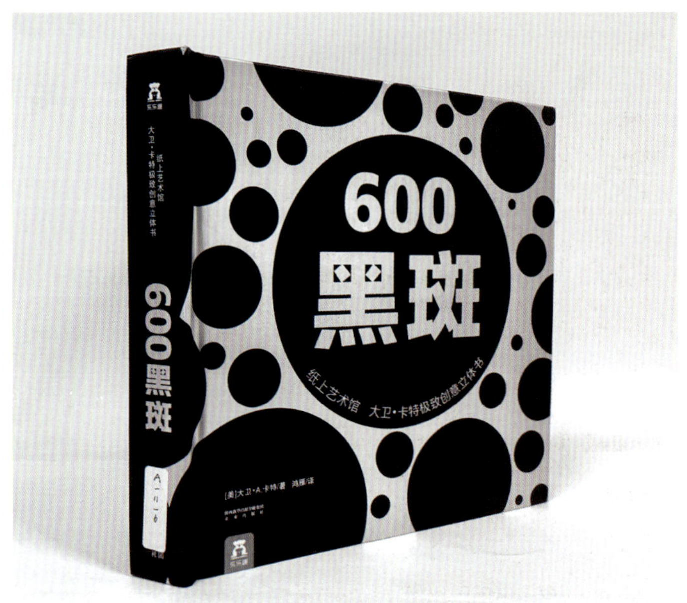
600
黑斑
纸上艺术馆 大卫·卡特极致创意立体书
纸上艺术馆
大卫·卡特极致创意立体书
600黑斑
[美]大卫·A.卡特/著 鸿雁/译

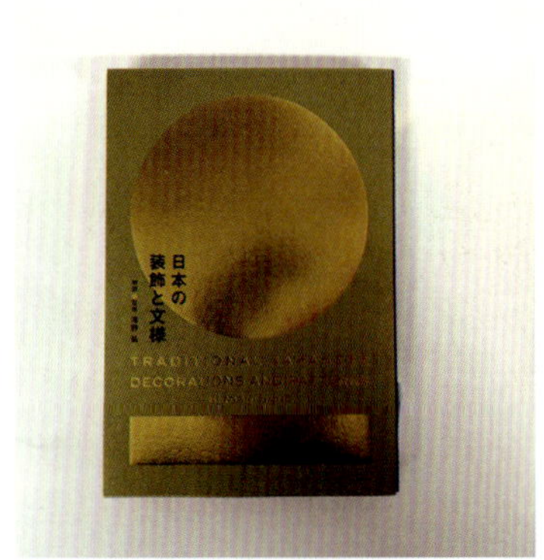
日本の
装飾と文様

金刚 1/4

1950-1989
苏联
设计时代
Designed
in the
USSR

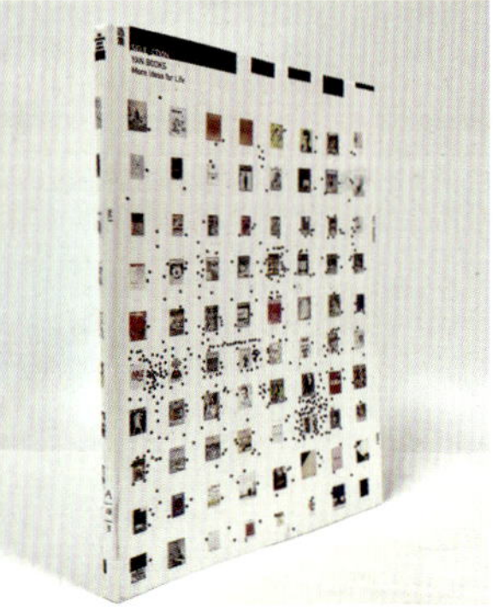

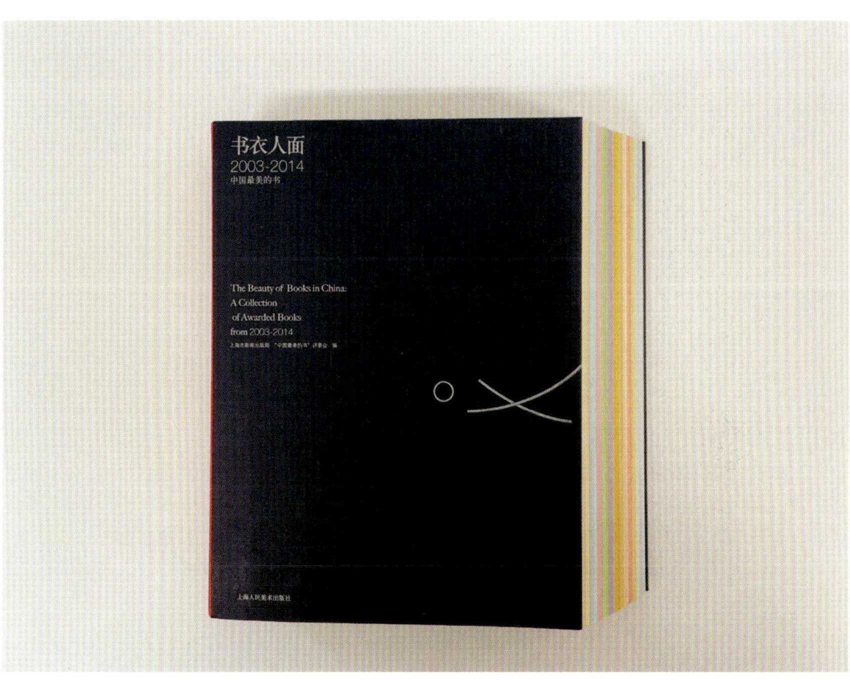
书衣人面
2003-2014
中国最美的书
The Beauty of Books in China:
A Collection
of Awarded Books
from 2003-2014
上海人民美术出版社

frank jacobus
the visual biography of color
the visual biography of color

书戏
A Play of Book

书籍・形态

书籍·形态

了解中国书籍设计历史的人都知道，中国书籍的原始形态甲骨、钟鼎，被后来的简策、帛书的形式所取代。由于科学技术的进步，纸张和印刷术的发明，书籍又历经卷子、旋风装、经折装、蝴蝶装、包背装、线装，最终形成了我们现在的书籍形态。外国书籍形态的发展也有与我国极为相近的历程。据目前考证，国外最早的书籍形式出现在公元前2500年的埃及，

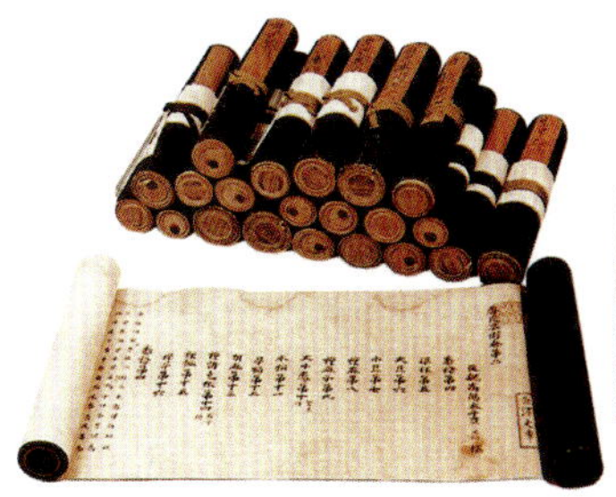

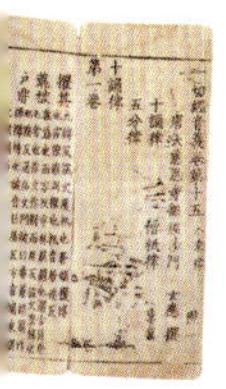
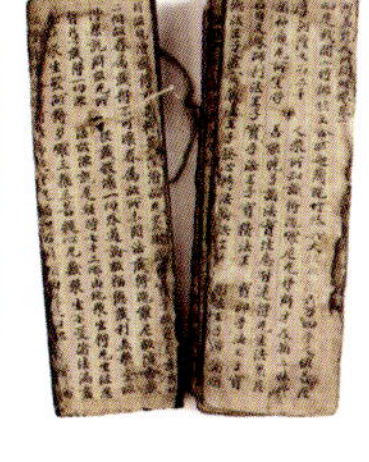

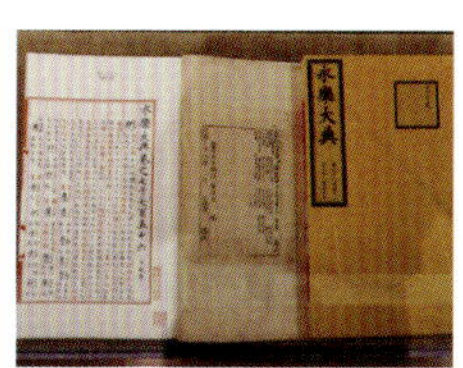
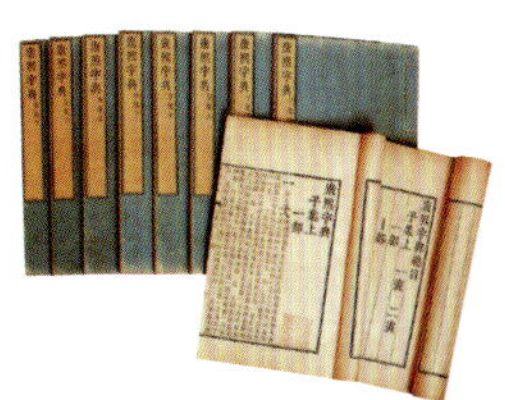

其莎草纸卷可以说是世界上最早的一种书籍。公元前2000年，还出现了美索不达米亚泥版书，甚至还有树皮书和树叶书，在树叶、树皮上写字记事。埃及人最早用棕榈树和椰树的树叶刺写文字。古罗马、古希腊时期还发明了蜡版书。公元前二世纪，羊皮纸产生后，欧洲书的形式逐渐从卷发展到册页。一张羊皮纸，可以折叠成双页，也可以像纸一样裁成四开、八开等装订成册，这样便出现了最古老的散页合订的书等。后由于印刷、出版业的大规模发展，逐步形成了我们今天所看到的书籍的形态模式。而且，书籍的这一形态就现在的印刷技术和出版标准来看应该说已经发展得比较成熟了。

但这种已经被人们习惯和广泛接受的书籍形态就要一直贯彻下去，一成不变吗？我们回忆一下七八十年代的图书，当然也有一些让人过目不忘、设计精良的图书，但大部分的图书由于技术和经济发展比较落后，以及受到当时社会背景下文化思潮的影响，书籍的形态几乎停滞在千篇一律的困境之下。过后仅仅十几年，由于技术和经济的迅速发展，以及审美意识的提高，书籍设计业蓬勃发展，涌现出了大量的优秀书籍设计作品和一大批书籍设计师。

改革开放后，随着图书出版事业的大发展，书籍设计艺术也盛行于各类图书当中，而且形式、形态空前多样。尤其是20世纪90年代，许多具有创作实力的中青年设计师进入书籍设计领域，他们在书籍设计艺术创作形式和语言上或继承和发扬传统，或借鉴和吸收西方现代表现方式，设计出了一批有影响力的优秀书籍设计艺术作品。这些作品都是通过对书籍设计从不同侧面，不同角度的创新来吸引和影响读者的。目前，印刷技术的不断提升，使得书籍设计与数字技术的发展贴合得更加紧密，并且产生了许多新的视觉效果，同时方便了今天的数字出版。但是，当科学技术的进步影响书籍设计艺术发展的同时，也会使原有艺术的人文内涵和传统的审美价值出现缺失。这是值得思考的问题。

近年来，书籍形态设计的多样性问题被得到广泛关注。消费社会中现代科技的高速发展，消费文化的泛滥，书籍设计中传统的手工设计逐渐被现代化电脑设计所取代。现在很多设计师大量使用电脑制作，印刷出版后会遗留电脑

制作的痕迹，看上去非但没有文化底蕴，而且生硬、呆板，没有生气。尽管电脑设计具有节省生产时间、提高工作效率等优点，但设计师仍应尽可能避免其工业化、程式化的弊端，融入更多的人文精神，利用好工具做出具有深厚文化内涵的书籍设计作品。我在创作中一直以探讨书籍形态为主题，表达我对当下书籍形态设计问题的思考，并尝试、探索书籍形态设计的多样性。

在数字化的时代，通过加强优秀传统艺术的继承和发展，并结合现代艺术观念，使书籍设计既准确体现文本主题，又充分发挥艺术创作的能动作用，同时又可以给读者提供新颖的阅读方式，打破原有的阅读习惯，在阅读过程中与书籍设计者形成交流与互动。用立体的可视形象拓展思维与审美空间，体现书籍设计的艺术感染魅力，同时在艺术形式方面也要力求强化时代性、现代性与民族性特征。《三字经》《百家姓》《千字文》都有着传承中华传统文化的内容，所以整体的设计都围绕着如何突出中华文化精神和文化底蕴来进行，但又要避免陷入一味的依托传统，借鉴传统的局限之中。

千字文
嵇琴阮嘯
恬筆倫紙
毛施淑姿
晝眠夕寐

心游方寸

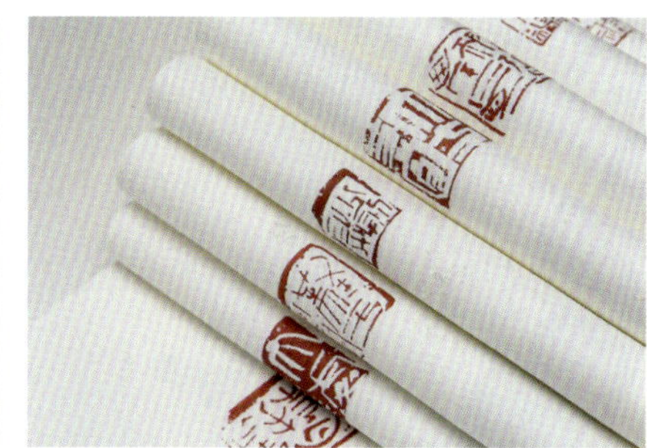

书籍设计人文困境中的形态创新

目前，印刷技术的不断提升，使得书籍设计与数字技术的发展结合得更加紧密，并且产生了许多新的视觉效果，同时方便了今天的数字出版。但是，当科学技术的进步影响书籍设计艺术发展的同时，也会使原有艺术的人文内涵和传统的审美价值出现缺失。正如19世纪下半叶英国工艺美术运动代表人物威廉·莫里斯指出：在欧洲工业革命带动生产力提高、推动社会迅速向前发展的进程中，虽然机械化的批量生产降低了产品的经济成本，但是同时也降低了产品设计的艺术审美价值。这是值得思考的问题。

书籍设计是指设计者对书籍的整体规划与把握。目前，设计者对书籍的形态设计进行了大胆的创新，改变书籍固有的方形、长方形，采用三角形、圆形、菱形、多边形、不规则多边形等，探索书籍形态的新样式，刷新读者对书的审美认知。

当下书籍形态的提出与兴起是社会经济发展和人类物质、精神消费多样性需求下的必然趋势。在书籍的形态设计中，常常有所谓的“形

式与功能之争”，那些创意大胆的书籍形态往往会遭受形式大于内容的质疑。实际上对于艺术设计来讲，物的“用”是一个复杂的范畴，它对于设计目的的探讨，不可能只停留在功能的层面上，而需要从人类的心理活动中去进行更深入的研究。美国著名的认知心理学家唐纳德·A.诺曼曾提出“‘能用的却是难看的’更让人难以接受”。因此，对书籍形态的不断创新并非是哗众取宠。

书籍形态是书籍内在本质的外在表现，它包含书籍的外部物质形状和使人们产生心理感受的情感。目前对书籍形态的不断探索，使得书籍可读、可品、可用。其中，概念书籍更是大胆地将书籍形态物化、概念化。这些具有实验性形态设计的书籍的文本阅读功能让位于前瞻性的引导意义。我们只有打破并重新组合我们的视觉概念，在新的艺术方式和新的技术方式之间，才有可能使新的定义概念派生出符合于我们时代发展的，有关视觉设计方式的创造结晶。

书籍设计的整体之美

书籍整体设计主要包括：函套、封面、环衬、扉页、插图、版式、开本、纸张、印刷工艺等。书籍整体设计是一个立体的、多侧面、多层次、多因素的系统工程。书籍设计师在设计时，根据主题的需要，把视觉传达的各种形象要素相互有机联系起来，理性地把文字、图像、色彩等要素纳入整体结构之中，使书籍的各部分既有变化又互相联系，成为和谐的统一体，并以此构成视觉形态的连续性，吸引读者以连续流畅的视觉流动感进入阅读状态。一本富有表现力和秩序之美的书才能由此诞生。

“整体美”是现代书籍设计的重要艺术特征，在设计中，要运用“和谐统一”的设计原则，注意审美符号的连续性和整体设计的统一性及秩序性，局部各要素既要保持个性特色，又要统一到整体风格之中，为读者创造一种整体美的阅读环境，赋予图书新的美感和意味。

书籍设计的个性之美

个性化的目的是实现自由的人格。从理论上说，个性化是在先天的生理和心理的基础上通过教育和实践逐渐形成的，并且必然会以精神的方式表现出来。每一位设计师都希望自己

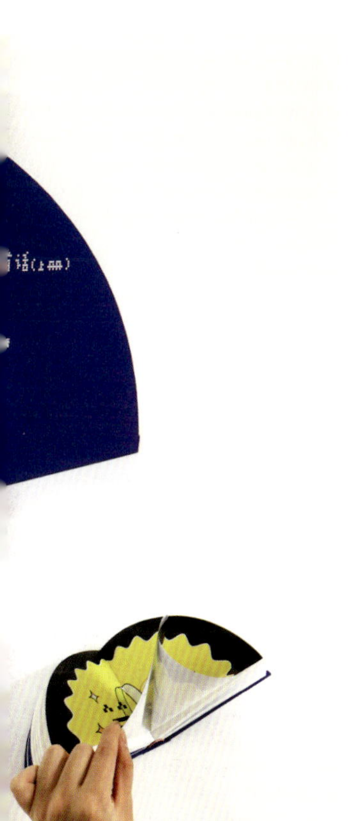

设计的作品是独特的，并能够体现出自己的个性。富有个性化特征的设计，才能够吸引更多的读者，才能使书籍设计在作品和读者之间建立起一种富有美感的视觉交流。设计者在设计作品中的个性表现，蕴涵着设计者个人的思想、观念和情感，赋予了书籍独特的艺术魅力。设计应该“以人为本”，关注人的自然发展、生命成长，承认人的个体差异，尊重个性发展，尊重个体的独特体验，这是社会发展的要求。我们周围的物质性世界，已被人类的目光、行为、思想、情感赋予了某种人类性的内涵。我们身旁伸手可触的很多东西，被深深打上了人类行为和情感的痕迹，被人类赋予了文化的、情感的内涵，更何况是对书籍这种精神文化产品的设计。

设计者在书装设计中的个性化表现，使书装设计被赋予更多的独特情感和人文精神。作为书籍设计艺术，不仅仅是简单地传达书的内容，而且要艺术地让书籍文化丰富我们生活的空间。每个设计者的爱好不一、知识结构不一、生活阅历不一、审美趣味不一，当然会有独特的个性表现。如果每个设计作品都仿佛出自一人之手，或是纯粹的工学概念的运用，那么书籍设计还会具有让人回味无穷的艺术魅力吗？个性的发展是社会的需要，崇尚个性是时代进步的呼唤。追求设计作品中设计者的个性表现，能激发出设计者更多创作潜能，从而让设计者发挥更多的主观能动性。

设计者需要丰富的想象力。正如著名现象学美学家米·杜夫海纳所说：“想象力是世界的创造者，理解力思考自然而想象力则开拓一个世界。”没有想象就没有人类的创造性活动，没有想象也就没有书装艺术设计。又有学者说：“新的美学形式，在人类各种活动中的创造是最重大有效的。凡创造出新的艺术模式的人，都找到了就某些事情进行人与人之间交流的新手段，而那些事情在此之前是无法交流的。这样做的能力已经成为整个人类历史的基础。”由此可见，创造性的想象思维在书籍设计及整个人类历史上的作用非同一般。设计者的个性表现也是设计者的审美观念、审美情感在设计作品上的体现，因此，它一定是富有个性魅力的。设计者要将自己的个人体验与读者进行交流、沟通，为大多数人所理解、接受。

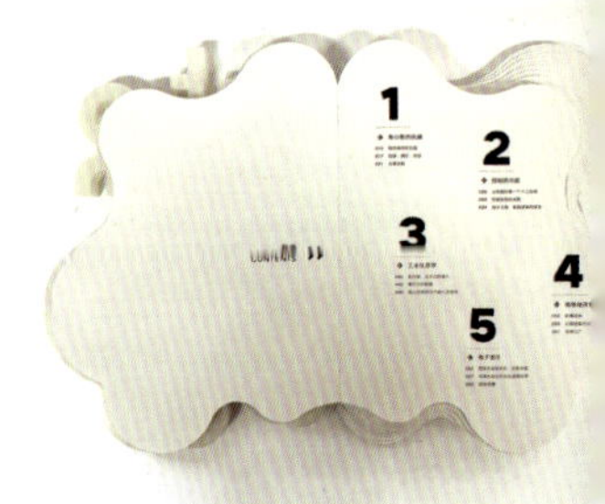

因此书籍设计者必须进行创造性思维。个性表现会让读者感到新奇，感到耳目一新，激发读者浓厚的兴趣。个性表现在这里已经成为进行创造性想象的动力。书装设计者要使其个性在设计中得到表现，只有最大限度地发挥自己的想象力，才能创造出震撼心灵的设计作品。

书籍设计的功能之美

书籍形态设计的认知功能除了要求整体性和系统性外，设计风格的独特性也显得尤其重要。书籍设计也像其他艺术设计一样，可以形成不同的风格特征，这是书籍设计走向成熟的标志。风格是对形式的抽象，当书籍形态构成一定的审美形象时，它的相对稳定的形式特征便升华为一种风格。日本著名设计家杉浦康平说：“书籍设计的本质是要体现两个个性，一是作者的个性，二是读者的个性，设计即是在二者之间架起一座可以相互沟通的桥梁。”目前市场上的书籍设计存在着许多相互模仿或仿效他人的做法，使人产生认知的混乱和误导，这就要求设计者不断培养自己的个性，形成自己独特的设计风格，开创书籍设计“百家争鸣、

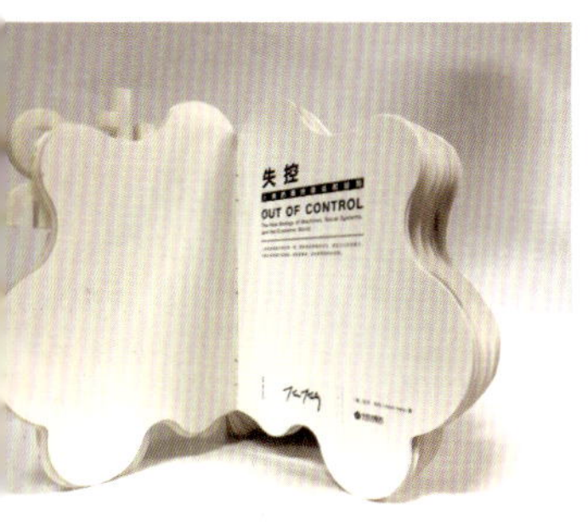

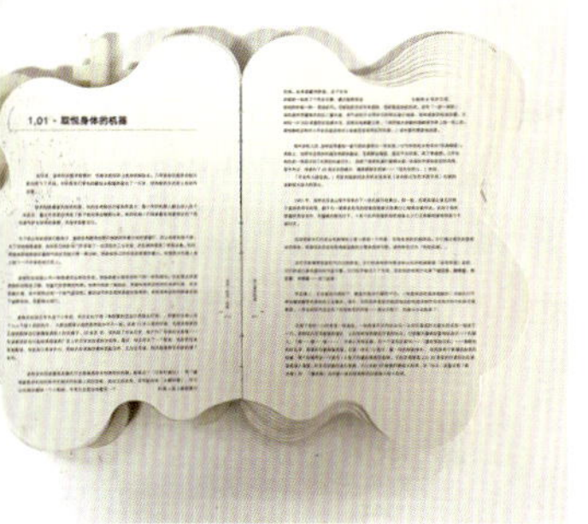

百花齐放”的新局面。

书籍设计是为了人的需要而进行的创造性活动，人不仅有实用上、功能的需要，还有精神上、观念和审美的需要。所以书籍作为信息载体，应满足人类在精神文化方面的不断需求，让读者在获取内容的同时，心灵上也得到升华和感染，并唤起人们对生活和情感价值的体验。书籍设计的这一审美功能首先体现在书籍作为一种视觉形象，其形式特征带给读者的审美感受。所谓“有意味的形式”就是一切视觉艺术的共同特性，“意味”就是审美感情，“形式”就是构成作品各要素之间的关系。法国美学家狄德罗在《论美》一书中提出的“美在于关系”这一著名论点，揭示出形式美的一个内在规律。书籍形态设计的形式意味既体现在它的整体形式上，也体现在它的平面形式上。书籍设计是立体的、多面的、多层次、多因素的整体艺术类别，所以，书籍的形式美首先应在整体动态的时空关系中展开。书籍开本与造型的关系，封面与封底的关系，封面与内文的关系，材质与印刷的关系等等，这些统一中充满着变化，节奏中蕴含着韵律的形式关系，构成了书籍整

体美的形式。

书籍形态的变迁与审美品格的发展

书籍是人类文化的宝库，是历史文化遗传机制得以实现的重要载体。正因为如此，书籍才成为人类进步的阶梯。人类发展的继承性表现在每代人总是上代人遗留文化的产物，或者说是历史的结果，又同时成为未来历史发展的前提。（参见孙正聿《哲学与人生》《光明日报》2009 年 4 月 16 日）这就从人类学、历史学和哲学的视角，观察了书籍的功能及其对于人类生存和发展的极端重要性。

中华文明的上古时期，出现了甲骨文、钟鼎铭文，虽然尚不具备书籍的形态，但对于历史、天文、历法等的记载，对于中华文明的形成起到奠基的作用。而后，竹书纪年，出现简策装书籍。最近，清华大学典藏的 2388 枚“清华简”（经 AMS 碳 14 年代测定，为公元前 305 年正负 30 年作品）是严格意义的书籍，其中已经释读的有周文王遗书《保训》、秦焚书后已失传的《尚书》等（见《北京日报》2008 年 4 月 26 日电讯　记者赵婀娜）文王遗嘱的核心“中道观”，（　参见李均明《周文王遗嘱之中道观》，《光明日报》2009 年 4

月 20 日，）很有哲理。可以看出儒家中和之道、中庸哲学思想的学术渊源。简书还保存了尧舜和商朝祖先的历史传说，及周武王的乐诗等弥足珍贵的资料。书籍珍藏了民族的记忆，文化的创造，传承了究天人之际，通古今之变的大智慧，泽被后人。由此，不禁由衷地对书籍产生敬畏之情。爱书，读书，用书，是中国人的一种文化风度。随着科技的发展，帛和纸的相继发明，在简策装之后，又出现卷轴装、旋风装、经折装、蝴蝶装、线装，直到现今的马提尼机器锁线胶订装。从手工誊写、工匠雕版、活字排版、石版铜版、激光照排、电子分色，到计算机排版。在外国还有贝叶经书、纸莎草纸书、蜡版书、泥版书、羊皮书等。书籍的形态在各个国家、各个历史时期，都无一例外地经历着不断的变化。各色各样形式的书籍形态，各种物质媒材构成的书籍形态，各种文化观念设计装帧的书籍形态，形成了五彩斑斓的、静中有动的文化之河，负载、传递着人类赖以生存的经验，珍藏着以史为鉴，可知未来的古训。书籍在我国已有两千多年的历史，其形态随时代和物质、技术的变化也历经了数次相当大的变革。但近百年来，似乎已经定型，六边体模式已经司空见惯，目前常见的书籍形态似乎难以逾越，似乎突破了常规形态模式就不能称其为书籍了。这种思维定式像拦路虎一般阻断了试想创新的设计者的思路。书籍的形态难道不能越流行模式的雷池吗？

我们不妨回忆一下20世纪七八十年代的图书状况，由于技术、经济的发展和当时社会背景下文化思潮的影响，书籍的形态几乎停滞在千篇一律的困境之下，书的开本、装订、翻阅大多被统一成为不变的简陋模式。但随着改革开放的进一步深化，弹指十几年间，由于经济和技术的迅猛发展，以及人们审美意识的变化，书籍设计观念的更新，书籍设计的日新月异和蓬勃发展，都令人眼睛发亮。书籍设计师的新人辈出，他们富有创意的、别开生面的设计，令人目不暇接，形成了新的阅

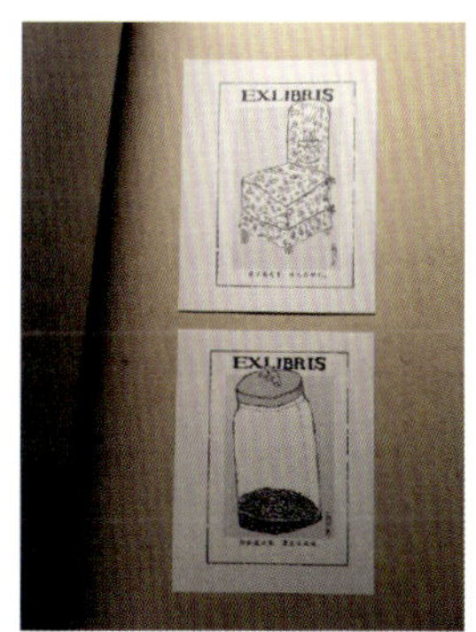

读文化氛围，引领着审美意识的新潮，更新着公众对于书籍的概念和认识。

历史的经验值得注意，我们回顾历史，是想找到自我创新的原动力，选择突破的路径和方向。我们应提倡探索性实验研究总结成功的经验，还要以宽广的胸怀，允许失败，从中汲取失败的教训。2007年度获得德国莱比锡“世界最美的书”铜奖的《不裁》的设计可以给我们以新的启迪。《不裁》是一本随笔集。它的特别之处是一本需要边裁边看的书。这个设计旨在调动读者主动参与意识。让读者饶有兴趣地自己动手，边看边裁，带着短暂的期盼，体会意外的惊喜，于不知不觉之中参与到设计中来。读者、文本作者、设计者通过这种由设计带来的与众不同的阅读方式变得亲近起来，在设计师营造的带有悬念的空间里，进行心灵的沟通和交流，使读者更加深入的感悟内容，回味体验。

书籍功能的丰富性与纸质书籍的展望

在科技创新日新月异的信息时代，技术革命往往是书籍形态大革新的先导，技术革命也为书籍形态革新提供了物质基础和技术支持。因而，引发了业内人士关于纸质书籍未来命运的大讨论。书籍作为信息的载体和传播的媒体还能存在多久？纸张既可以取代竹简，总有一天电子媒体取代纸质媒体已属必然，随着电子媒体越来越普及，以及字、声、像兼具的CD多媒体的挑战，书籍设计何去何从？是否已是穷途末路？

的确，电子媒体具有巨大的、不可限量的发展空间，具有诱人的技术优势和神秘魅力。仅从信息容量而论，简策时代的古文人，说其学问之大往往用“学富五车”来形容。其实一牛车竹简，文字数量也不过数万。伟大哲学著作老子的《道德经》不过五千言。纸质书籍的文字容量非竹简所可比拟。而一个存储卡，可把浩浩荡荡的、庞大规模的《四库全书》《二十四史》尽收其内。一个存储卡可以代替一座藏书楼！若在百年之前，这是连魔法师都难以想象的。就是现今，知识分子搬一次家，还是要累得贼死，主要在成箱满匮的书籍。电子书的轻灵如何不令人称赏、赞羡。更何况，未来的电子书，声光、图文、色香、动画，一应俱全，索引、搜索更是便捷非常。真是前景诱人，有待全方位开发。电子书的普及时代将是知识大普及、科技大普及的时代。

然而，尽管电子书前景广阔，也还存在着自身的局限性，也并不能完全取代纸质书籍的功能。犹如现今书写已经基本为键盘、汉王笔所代替，但书法艺术的魅力仍然光彩照人。书法艺术带着民族文化特有的审美意象，空灵的境界，仍然彪炳于世界。

书籍在其发展的过程，已逐步形成自身的深厚的文化积淀，书籍已不是单纯的信息载体、单一的传播的媒介，书籍在完成其本体功能的同时，自身又兼具着审美功能。书籍是融物质文化与精神文化于一体的设计师的心灵创造。书籍是一种审美文化形态，是一种广义的造型艺术。被称为现代“书籍美”理念的开拓者，英人威廉·莫里斯就曾主张：“书不只是阅读的工具，也是艺术的一种门类。”（吕敬人《书籍设计·书艺问道》，中国青年出版社 2009 年版第 75 页）书籍有其自身不可代替的存在价值。电脑虚拟的阅读空间，与可视、可触、可听、可味、可嗅，带有文化表情和书卷之美的物质实体文化书籍是难以相互取代的。正如古人所言：甘瓜苦蒂，任何事物都难以十全十美。

因此，书籍作为设计艺术师的艺术创造，还有广阔的理论与实践的发展空间。诸如：材质语言形式之美与书籍形态创造的探索研究；工艺流程之美与设计观念呈现的探索研究；书籍外部造型与内部构造的关系研究（书籍整体的空间节奏、阅读理性逻辑、有序化韵律，以及量感对比、色感对比、虚实对比之于形态结构形成之作用）；书籍的大文化风格与文化表象研究；传统的文化符号、图案，以及作为民族文化基因宝库的民间艺术形式的开发利用研究；特别是如何运用传统美学理论、哲学思想于现代设计的深化研究等，对于构建设计的民族理论体系，构建设计的民族风格，摆脱唯西方马首是瞻的追风习气，至关紧要。设计家的课题多多，用武之地相当开阔，现代书籍设计的未来，非但不是末日而是前途依然灿烂。

日本设计家原研哉在《设计中的设计》一书中指出：“今天，纸已经不再是媒介的主角……书籍作为信息的一种载体，确实有点过时了：又重又厚，而且容易变脏，也容易被风化。如果用数字媒体存储的话，一本书的内容只需要小小的一块记忆卡就可以做到。但是，信息并不仅仅需要被大量的保存和高速的移动。我们需要冷静地观察、思考信息与个人之间的关系，以此来研究信息。以这个标准来评价书籍，用有着合适的重量与厚度，并且手感良好的材料来做信息的表现载体，显然要比存储在一块记忆卡中的信息表现方式更能给人带来良好的使用感和满足感。”他的见解，与我上述的观点有相近的地方。

书籍的功能随着社会、经济、文化的发展正发生着微妙的变化，承载信息、传播知识已不再是它唯一的功能，现代书籍设计是把书籍视为一种整体的视觉审美与文化意象创造活动，是一种追求形式意蕴、意味的造型艺术，是一种具有独立艺术价值的实体存在；通过书籍设计搭建设计者、作者与读者之间的互动、交流的平台。

设计师以自己的创造性智慧和成果，逐步影响、培育人们的阅读习惯、文化品位和观念，为现代书籍形态设计拓展新的空间。书籍外在美与内在美的完美结合，外在造型与内在结构的熨帖和谐，创造富有现代美学气质和文化意象的书籍新形态，去影响大众的审美心理、价值取向和文化需求。爱书，读书，用书，将蔚然成风，一个崭新的社会文化情景，文化消费的高尚风习必将出现。这是设计师的追求、理想和梦想。

在当今，如何在传统艺术中发掘和继承可用的创作资源，并结合现代艺术观念，使书籍设计既准确体现文本主题，又充分发挥艺术创作的能动作用，同时又可以给读者提供新颖的阅读方式，打破原有的阅读习惯，在阅读过程中与书籍设计者形成交流与互动。用立体的可视形象拓展思维与审美空间，体现书籍设计的艺术感染魅力，同时在艺术形式方面也要力求强化时代性、现代性与民族性特征。

但是，毋庸讳言，在书籍设计的大潮中也是泥沙俱下，经常出现不和谐的噪音：粗制滥造，低俗媚俗，刺目伤眼。在拜金现实主义的争夺与逐利中，为夺人眼球，不惜置美学规律于不顾，也存在着技术至上的倾向，不讲文化品位，不讲立意，用电脑技术代替艺术创造，

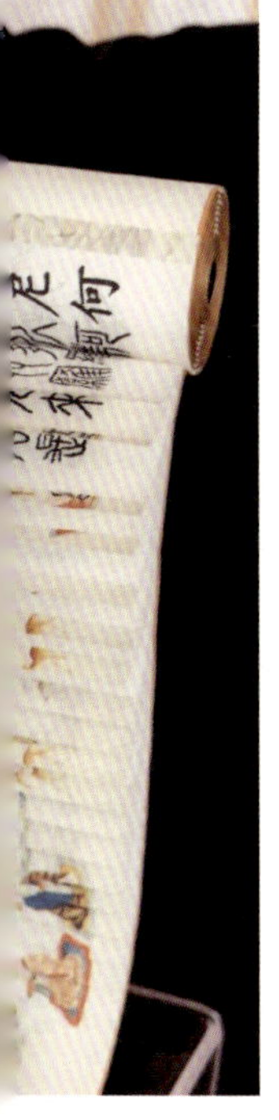

重技轻道，把传统的“文以载道”“技进乎道”的美学思想弃之度外。

设计师的社会担当，价值观念不可忽视。如今大众接收信息的范围不断扩大，设计师如何更好地表现文本的思想内涵，为大众提供多元化的接受知识、信息的方式，满足大众不同审美层次的需求，创造文化内涵丰厚的书籍形态，才是书籍设计的发展方向。一味地迎合大众，或者不断重复，自我克隆，这种看似稳妥、保险的设计方式，其实不过是积重难返的习惯势力和历史惰性力的一种表现。

目前，这种探索性试验研究，在我国设计界也不乏其例，比如，有的设计者把福尔摩斯的侦探小说，设计成由外至内书页面积渐次缩小的异形书籍，其创意在于：悬案侦破由外围逐步缩小指向核心，疑犯布下的疑云层层破解，直指真凶。书籍的外在形式与破案内容相得益彰，增进读者的兴趣。当然，这些试验性的书籍，会使印制困难，造价较高，难以成为大众化的商品。但是我也联想到T型台上演绎的服装设计，那些光鲜照人的奇装异服，又有多少能在日常现实生活中使用？其实用价值可谓不高，但作为服装文化的创造，其艺术创意有的还相当有意义。比如，我国服装设计师设计的宫廷服饰系列，帽子是宫廷建筑的大屋顶或飞檐造型，衣服宽袍大袖，以古建筑形式为图案纹样，也有以京剧脸谱来装饰的。穿上这样的服装没法劳动，工作，上班，但设计师迁想妙得，把古典与现代做了天作之合的融会，奇思异想，别构灵奇，光鲜华美，如梦似幻，中华古典文化的神韵旋律，流动生辉，令人荡气回肠，叹为观止。从使用价值的角度来衡量，无多。从造型艺术、审美价值、文化创意的角度来考量，非常成功。他山之石可以攻玉，书籍形态设计可以借鉴吗？当然可以！

传统书籍形态的设计理念是以传达文本内容、保护书籍为重点，现代书籍形态的设计由于现代印刷和计算机新技术的介入，打破了传统的活字排版模式的束缚，以审美文化创造，以形神、意趣、韵味、境界的多重构造为中心，以形态的多向性为旨趣，强调书籍形态的丰富性，多样性，以超越的姿态，以于天地之外别构一种灵奇的艺术追求，独创新的书籍形态。现代人的消费方式已大不同于前人，人类的消费曾经以生理本能需要（维持生命）为主体，而现代人的消费主要是文化消费。正如马克思所言：“在消费脱离了它最初的自然粗陋状态和直接状态之后……消费本身作为动力是靠对象作媒介的。消费对于对象所感到的需要，是对于对象的知觉所创造的。”继而还特别指出“艺术对象创造出懂得艺术和能够欣赏美的大众。”（马克思《政治经济学批判》导言，见《马克思恩格斯论文艺和美学》，文化艺术出版社1982年版第539页）商品供应消费也培养消费商品的主体，音乐家创造音乐并培养欣赏音乐的耳朵。现代设计家肩负着培养欣赏新的书籍形态的眼睛和受众。

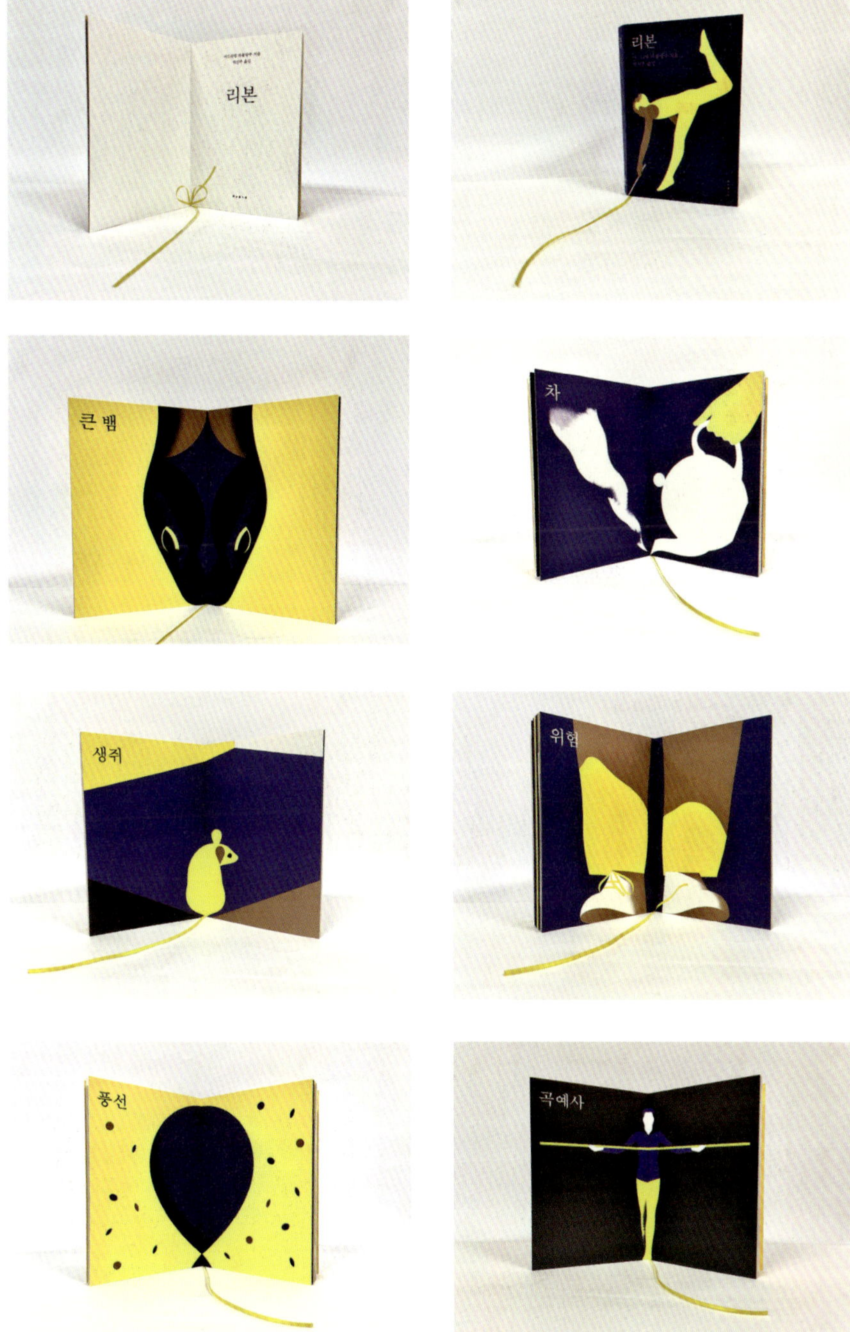
리본
리본
큰 뱀
차
생쥐
위험
풍선
곡예사

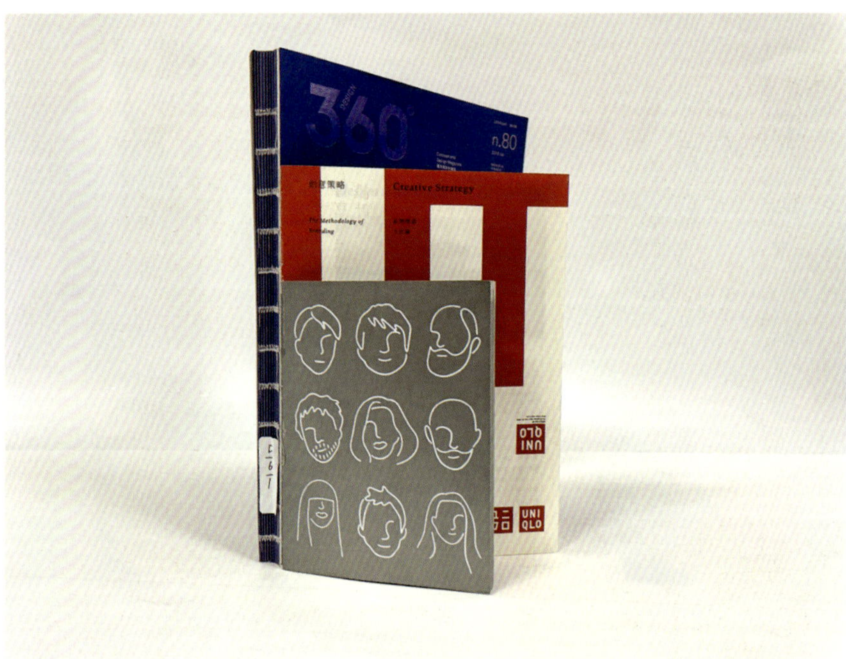
n.80
创意策略
Creative Strategy
UNI
QLO

Five
Little
Kisses
A Pop-Up Valentine's Book

4
Love doves
Are you
part of
a pair?

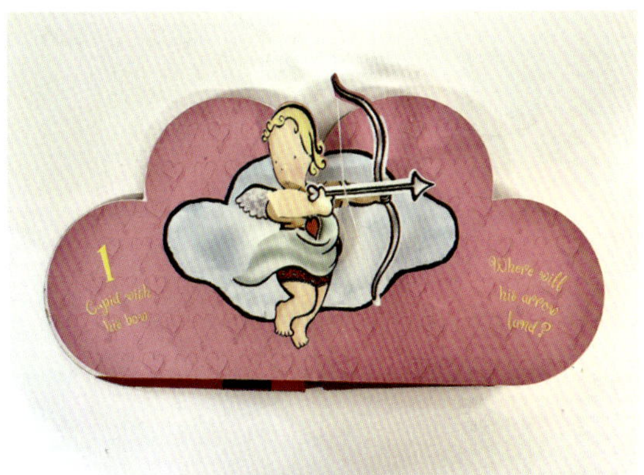
1
Cupid with
his bow
Where will
his arrow
land?

3
Conversation
hearts

2005 4 15

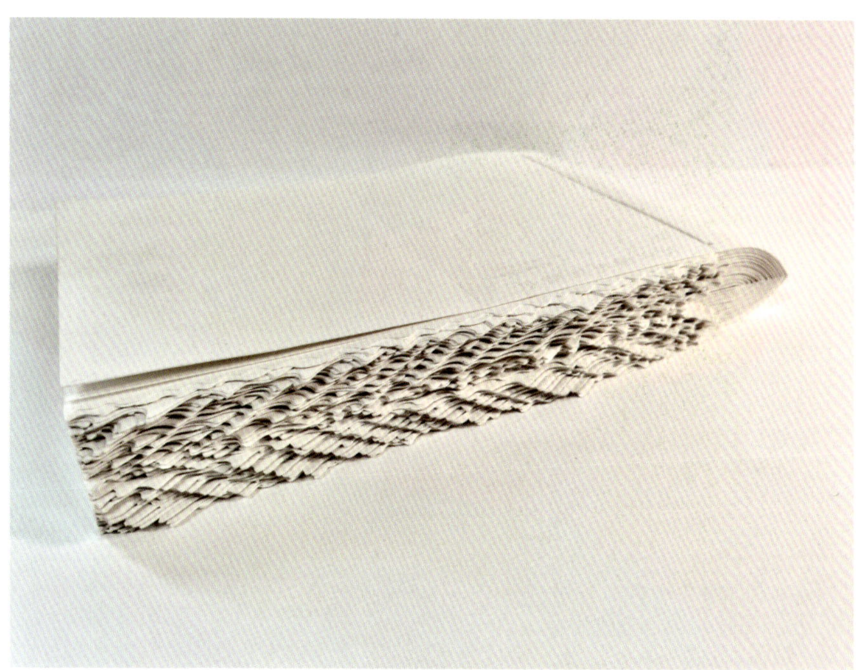

思锁
思锁
思锁
思锁
概
论

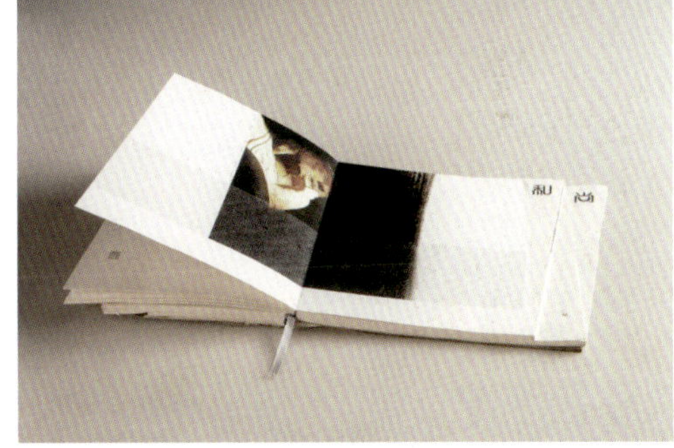

THE
MINI-EXPRESS
By Peter Lippman

"Hey there, Hoot.
What's your
destination?"
"Pickin' up passengers
At Hoboken station!"

Out of the train yard,
Clackity-clack.
The power of steam
Turns the wheels
on the track.

鸡妈妈，
你去哪儿

ZHONGGUOGUZHENYOU

백조의 호수
Le lac des cygnes

敬人书语
吕敬人 著
出版社
吕敬人 著

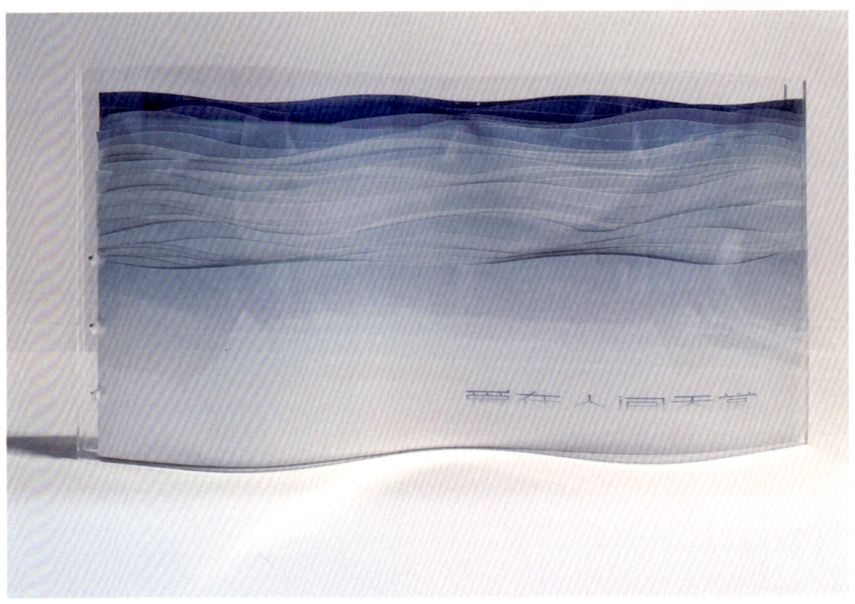

书籍·材质

书籍·材质

材质的文化语义

各门类的造型艺术家都是非常重视物质媒材。材质质地之美，若运用得体，其本身就是无声的语言，是形式美的重要组成部分。故宫建筑木构件采用紫檀木、金丝楠木，除了防腐耐用实用功能之外，主要在表达帝王的高贵、坚固与永恒，与外环境的红墙碧瓦相辉映，更显示出皇家的豪华气派。本来无言的材质，在建筑师设计意识的催化下，转化成观念性的语言，构成充满意蕴的建筑形态。雕塑家也非常重视材质之美和其作为外形式的表现力，米开朗琪罗的《大卫》选用白色大理石，罗丹的《加莱义民》选用青铜，因为主题内涵不同，前者着力于男性英雄的英俊、神圣与崇高感，后者关注义无反顾的悲剧精神。大理石与青铜各得其所。

书籍设计师的工作与建筑家、雕塑家相通。同样要精于选材，但更要善于让所选材质与文本主题相适应，使其转化成有表情、有内涵的形式语言，也就是以物质性形态体现精神性内涵的视觉传达。

著名设计家吕敬人在设计《茶经》《酒经》时，特意选用木质材料做书函，在《茶经》函套上镶嵌紫砂壶图案，《酒经》函套上镶嵌青瓷酒器图案，其设计语言高度单纯、简洁，因为单纯简洁才愈加突出木质材料自然纹理的细腻含蓄，因为采用了真材实料的紫砂、青瓷，才愈加透出一股浓郁的优雅气质，与书籍的主题：茶文化的悠悠余韵，酒文化的深巷飘香，相得益彰。在设计家的匠心结构中木材、紫砂、青瓷这些物质元素不仅构筑了书籍形态造型的古典之美，而且脉脉含情，传递着中华文化的悠远神韵。物质媒材获得了生命，物质元素在书籍形态中转化成人文情怀。

《朱熹榜书千字文》的设计也别出心裁，朱熹是我国大书法家、理学家，由他所写榜书千字文，气象古朴、神韵轩昂，设计要突出古色古香的书卷气，吕敬人特意采用桐木质材料做书函，以仿宋代印刷雕版为装饰，反字雕刻的千字文扼要地突出文本主题，外函夹板用皮带如意扣锁合，这套书籍的形态设计，古韵苍茫，意蕴深浓。因选材得体，而能人尽其巧，物尽其用，使造型的物质性元素转化为视觉通感的灵性。本来沉默的桐木板，似乎在一唱三叹，此时无声胜有声。吴勇设计的《中国印》把水立方、鸟巢的钢结构作为语言符号，构思创意新颖，让人想象驰骋。霍荣龄、奇文云海设计的《牡丹亭》以白纸为天地空蒙的空间，然后点染浓淡错落参差的水墨，空灵抽象而富有韵致。设计师运用老庄惚兮恍兮，其中有象的哲思理念，在水墨氤氲中，隐现汤显祖《牡丹亭》的青春之梦，和昆剧那荡人心神的亦真亦幻的美。寰宇浩茫，天地氤氲，情缘深深，化作悱恻凄楚之美。作者借以虚化实手法，引领读者进入丽娘与柳生的传奇幽梦。书籍设计，不一定材料越贵越好，真金白银，若运用不当，适得其反，俗不可耐。书籍装帧的奢靡之风，文不对题，只讲外表，不问文本，实则是南辕北辙，背“道”而驰。“道”也者书籍设计之道也。

陶元庆为鲁迅《彷徨》设计的封面就极为简朴，纸质、双色、单纯，冷峻而凝重。横贯封面的两条黑线，在视觉上给人以沉闷的压抑感，天空悬挂放着光芒的太阳，黑色人形剪影面向光明而又孤寂迷惘，陶元庆以象征主义手法，传达彷徨的主题，具有浓郁的时代气息。《坟》的设计更是于荒寒苍凉中寓意着悲悯与迷茫，与鲁迅的文本立意相契合。

“书籍之美”理念的倡导者和实践家，英国人威廉·莫里斯认为，“书不只是阅读的工具，也是艺术的一种门类。”（转引自吕敬人《书籍设计·书艺问道》，中国青年出版社2009年版第75页）把书籍设计作为有机整体，

视为美的创造，这是设计观念性的变革，推动了欧洲书籍艺术设计的革新风潮。莫里斯一生设计并精心制作了五十余种书籍。其中以《乔叟著作集》为代表，莫里斯的书造型追求哥特式的华美崇高，封面多用花草纹饰，自然典雅。他新创了一系列的拼音文字的字体，在庄

重中透出潇洒活泼，其插图尤其考究，形成他高雅中有凝重、古典中又不失浪漫精神的美学风格，他的书籍设计形态传递出深厚的欧洲文化气息。

材质的生命意味

日本书籍设计大师杉浦康平提出书籍的五感。除了视觉，读书还会触及人类的听觉、触觉、味觉、嗅觉。读书其实是在调动着人们全方位的感知器官。哪怕是一些细微的变化都会引起人们的不同感受，从而产生不一样的心理暗示。这就对书籍材料的丰富性提出了更多的要求。当前的书籍还多是以纸材质为主，纸张有着非常强的优势，成本低、适合各种印刷、携带方便、适宜阅读。由于千余年的积淀，人们已经与纸文化建立了难以割舍的感情。在设计中，纸质本身就是设计的元素之一，是一种无声的设计,不同的纸材拥有不同的个性特征。近年来，造纸业迅猛发展，各种质感、肌理、色彩的纸层出不穷：丽芙、超感、热熔、岩纹、云纹、卡昆、欧佩莱、纤维纸、手揉纸、植绒纸、撕筋纸等等，根据他们的不同性格，做成的书籍也会呈现截然不同的视、触感受，给读者带来不同的心理感应，或厚重、轻盈、华丽、质朴，或激情澎湃，或涓涓细流……利用质材所引发的不同心理感应，可以通过选材的变化，来体现设计者的构思，从而发挥“没有文字的语言，无须图像的绘画”的不可思议的表现力。

现如今，人们已不满足于纸张做书籍的唯一材质，开发出了更多元的构成书籍设计的材料，如金属、木材、皮革、织物、塑料、玻璃、石材、各种纤维等，物质媒材的丰富，为设计师提供了更多的选择和用武之地，也激发出更多的书籍设计创作的灵感，强化了设计艺术语言的表现力。特定的书籍主题内涵，通过多样化的不同材质进行视觉传达，将其特有的神韵、意味、情趣、空间、生命、力感与境界完美地表达出来。材美工巧，赋予物质元素以生命，以语言，是设计师的审美追求。

学数字
让宝宝系扣子

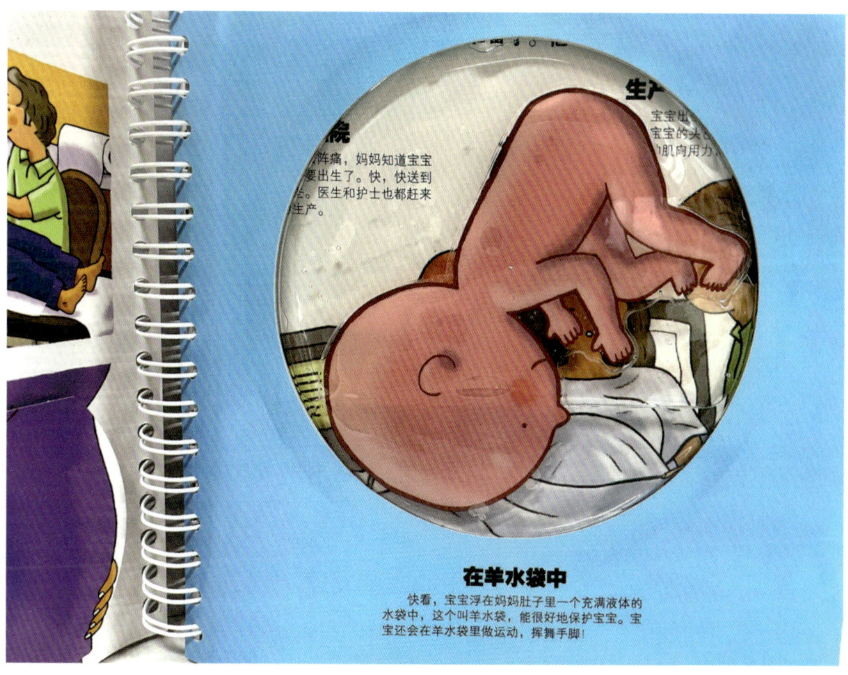
在羊水袋中
快看，宝宝浮在妈妈肚子里一个充满液体的水袋中，这个叫羊水袋，能很好地保护宝宝。宝宝还会在羊水袋里做运动，挥舞手脚！

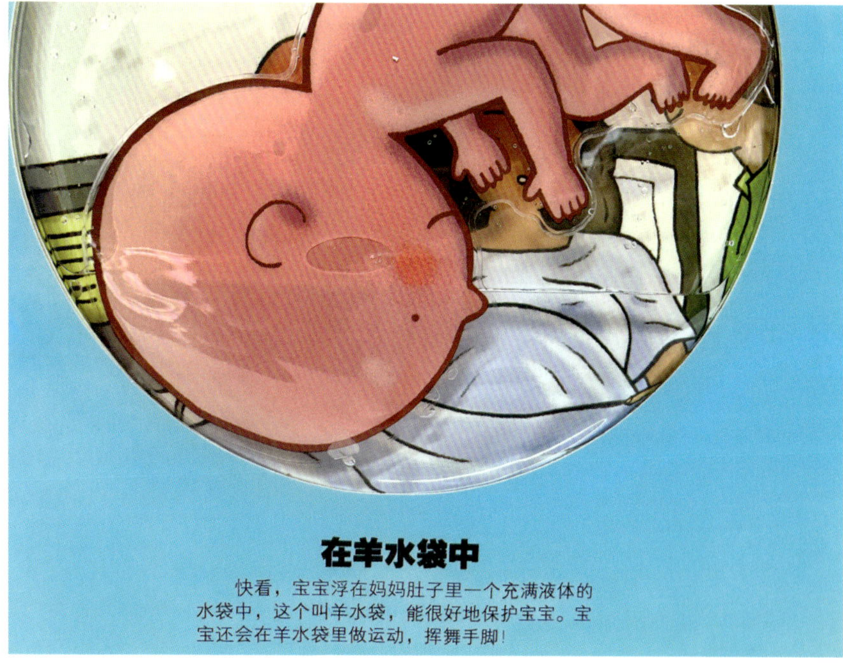
在羊水袋中
快看，宝宝浮在妈妈肚子里一个充满液体的水袋中，这个叫羊水袋，能很好地保护宝宝。宝宝还会在羊水袋里做运动，挥舞手脚！

夏天的
味道……

Glass
Art
perfec
color
art
mystery
glass art

GLASS ART OF THE WORLD
玻璃世界的艺术

霓裳體衣・冠玉篇
霓裳體衣・紅袖篇

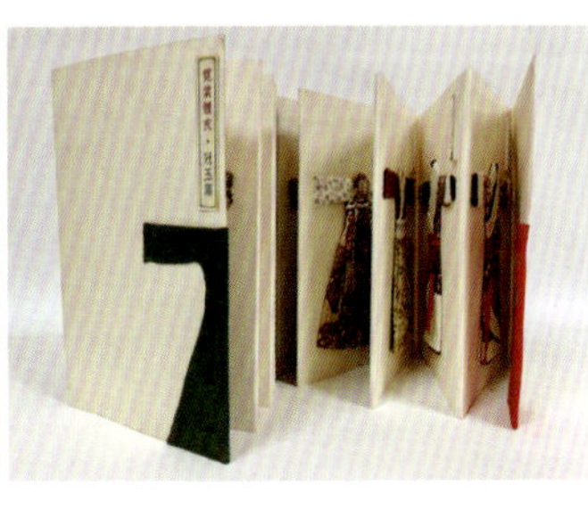

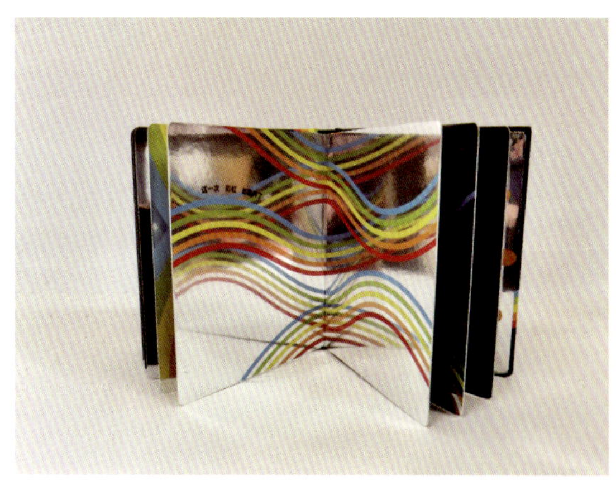

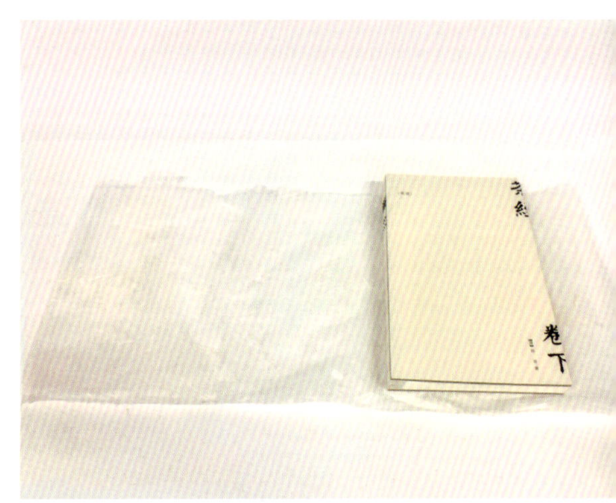
卷下

不哭
Weep no more

pain

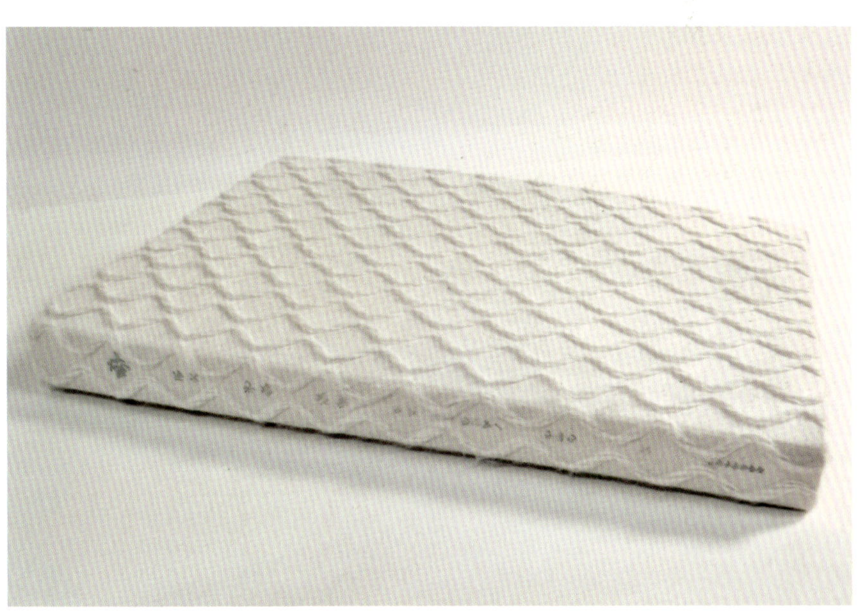

欢迎来到
欧洲大陆

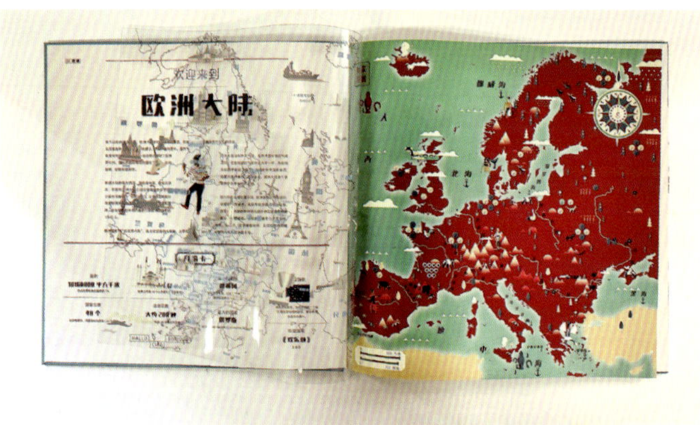
欢迎来到
欧洲大陆

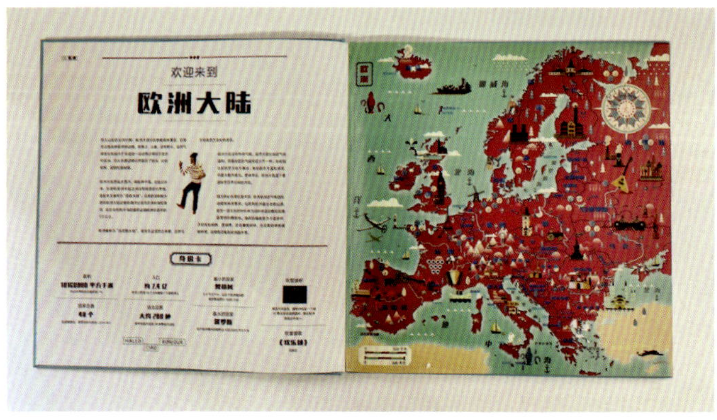
欢迎来到
欧洲大陆

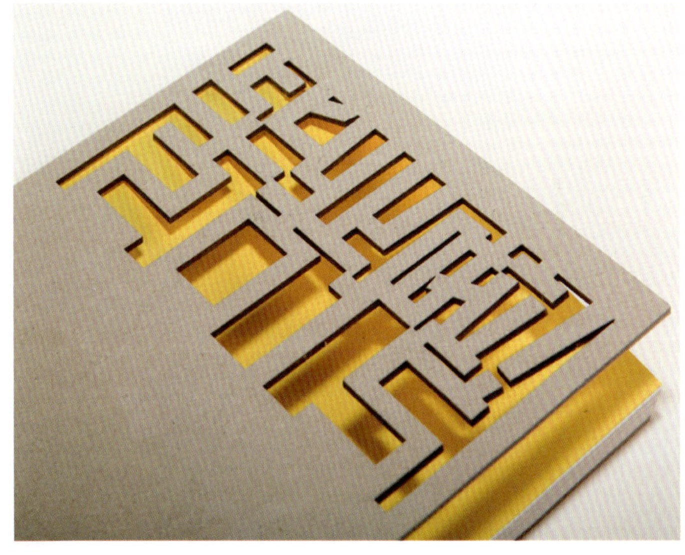

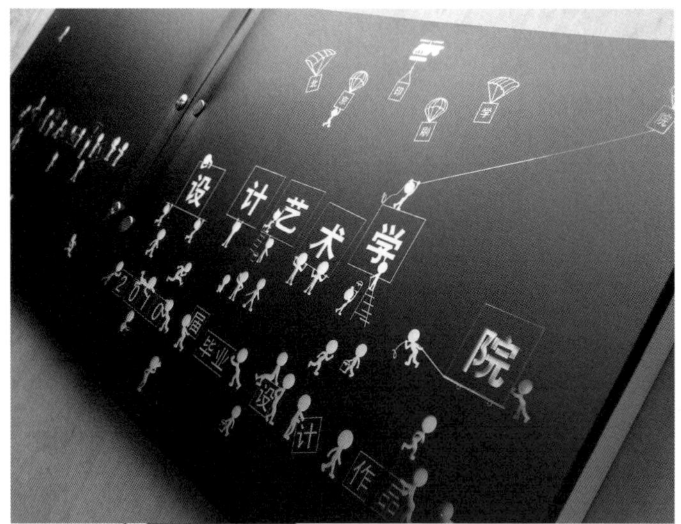
设计艺术学
院
2010届毕业设计作品

我们毕业啦

目录

MONSTER FOOD
WHAT COLOUR FOOD DO MONSTERS LIKE?

Hello Monster on your bike,
what colour food do Monsters like?

"I like green sprouts and grapes with lime,
and broccoli before bedtime!"

"I like yellow cheese and curved bananas,
and eating corn in my pyjamas!"

敦煌

Čudesan
svijet

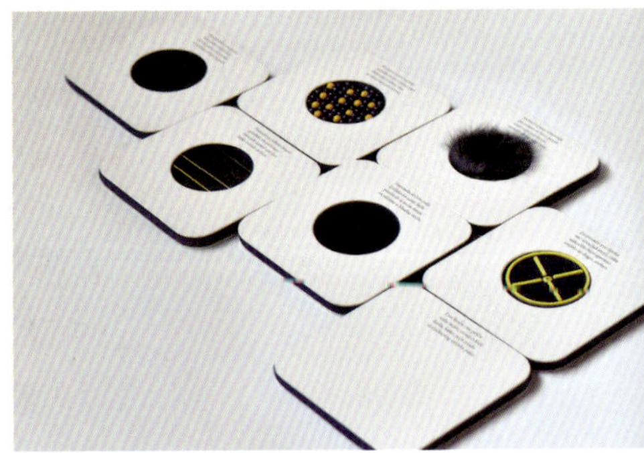

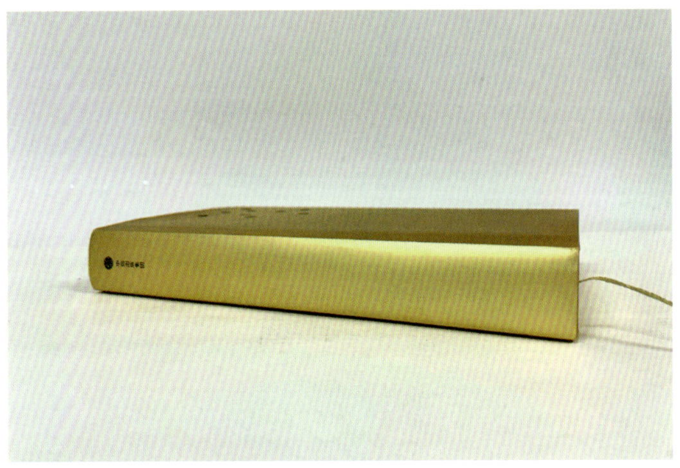

书籍·时空

书籍·时空

作为出版物中重要的组成部分——书籍，被誉为“人类进步的阶梯”。她蕴含着人类智慧积累、历史文化传承、舆论导向、信息传播和审美娱乐等功能。

书籍由纸张这个基本元素构成。一张平放在眼前的纸，因其仅有不到毫米的厚度，我们习惯认为它是仅有长度和宽度的二维空间，而实际上它是有厚度的三维空间（尽管很薄）。一张薄纸似乎不是立体空间，可是当我们把纸多次对折并装订成册之后，不但呈现出立体形态，而且它的生命也被唤醒了，成为人类智慧的宝库——书籍。当读者阅读它，并通过身体多种感官与纸亲密接触时，视觉神经与文字相碰撞，便生成一系列的心理活动，心理空间也开始浮现。所以，从空间视野研究书籍形态是一个便于理解图书的角度。无论是传统的图书形态还是现代的书籍形态，书籍都具有物理空间和心理空间。物理空间是客观存在的真实空间，心理空间是主观心理感受中的虚幻的空间。

我们既重视实在的物理空间形态的塑造，更追求虚幻的心理空间的营构，设计家的创造才华往往表现在擅于通过设计手段去营造感染读者的广阔心理空间。

与早年的平装书相比，现在的书籍版面在视觉上更加层次丰富并且灵活多变，尤其是2000年以后电脑软件编排技术的发展，不仅扩大和拓宽了版面编排的自由度，而且使图文关系变得活跃生动，设计者的创作意图借助科学技术的支持可以自由发挥并得以呈现，这使现代书籍印制空间在二维平面上的空间生成更为灵动多变。

书籍的印制空间，是各种颜色的油墨经过印刷机械的分色处理和印刷之后，显示在纸上的部分。印刷技术仅只具有呈现设计意图、使主观观念性的东西物化为可视的印制品。而空间形态视觉意义的构成，心理空间的营造，还要取决于设计师。设计师要善于引导读者的视觉流程。

书籍的平面视觉元素主要包括内文、标题、旁注、页码等。需要体现二维印制空间的不外乎是字体、字号、字距、行距、文字横排、竖

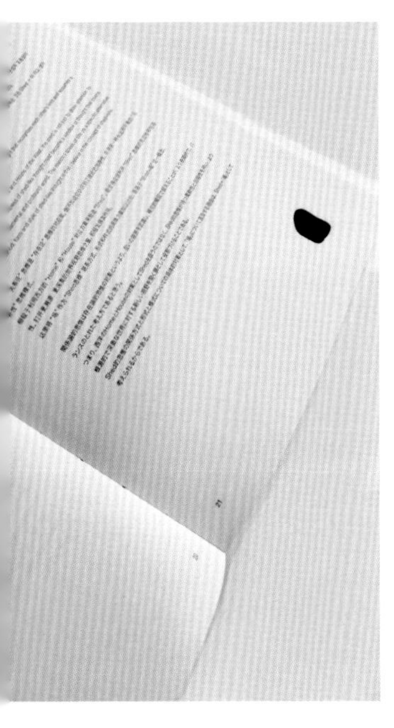

排以及图像的位置、空白的大小形状等元素的组合变化。也就是通过二维视觉元素的有效编排来引导读者，并在文本内涵意义的启示与参与下，设法使这些二维视觉元素与读者之间在“互动”中生成某种视觉意蕴与心理空间。

书籍是个三维的立体构造物，在读者翻阅图书时，捧在手里是个有体积有重量的实体，书籍随着阅读的翻动过程展示出多层次的不同的美，这种在动态中展现的不断变化着的版式设计，不但要讲究相互之间的关联性，而且还要注意由表及里、层层深入，从书籍护封、书脊、封面、勒口、扉页、序文，到内文、版权页，直到封底，依次在动态中呈现。所以，从空间的角度来说，书籍设计是一种立体的思考行为，它类似建筑，具有立体空间形态，设计师应精心于形态塑造。从时间的角度来观察，它既具有相对静止的形态，又有相对运动的形态，动静的结合构成了书籍特有的时空结构方式。这就向设计师提出要从时间和空间两个维度全方位思考书籍形态设计。从时空结构的整体出发来运筹策划。

“书籍的设计要关注书籍构成的每个环

节，在秉承原著信息的基础上，将各个素材纳入整体结构中加以配置和运用，这样可以使各要素在整体结构中焕发出比单个符号更大的表现力，并以此构成视觉形态的连续性，诱导人们以连续流畅的视觉流动性进入阅读状态。”在这段表述中，“视觉形态的连续性”“连续流畅的视觉流动”都是“时间”元素介入的结果。这也说明书籍设计从时空结构的整体出发，不仅要求每个单个元素设计合理，而且还要统筹考虑单个与局部、局部与整体之间的契合无间，从而达到书籍外表与内在之间形神的和谐统一。

把书籍设计简单地理解为“设计封面”的年代，已经成为历史。互联网时代印刷科技、电子排版、多种媒材的迅猛发展，为书籍设计观念的创新，提供了技术与物质的支持。书籍设计不仅是平面的、二维的，而且是立体的、三维的；不仅是静态的，而且可以是动态的；不仅具有空间性，而且具有时间性，同时还兼具时空一体性特征。把书籍视为有机的生命整体，追求时空结构的整体性设计理念，乃现代书籍设计理念的核心建构。骨骼既立，才能枝

繁叶茂。

他山之石，可以攻玉。我们可以把书籍比喻为一出戏剧，一部交响乐，或一部电影，当然，任何比喻都是蹩脚的、有局限性的，取其神似而已。

戏剧演出，在特定时空中进行。戏剧理论就很讲究时空结构，所谓“虎头、熊腰、豹尾”的结构性要求，就可以从中略窥其端倪。所谓“虎头”，旨在比喻，一出戏的开场，不能草率、驳杂、平庸，而要坚实、精警、强劲，犹如“虎头”之坚凝有力，给观者以兴发，振奋，激起一看究竟的强烈欲望。所谓“熊腰”，是说随着戏剧情节的展开，各种戏剧冲突交织、人物矛盾纠葛错综，戏剧情节主线、副线、伏线盘根错节，时而奇峰突起，时而又如临深渊。纵横捭阖，云蒸霞蔚，把剧情推向高潮。其高潮部分在结构上要写得充盈丰满、硕壮伟岸。故以“熊腰”相比喻。“豹尾”之说在于，戏剧由高潮向尾声发展，戏剧矛盾由系扣到解扣，峰回路转，柳暗花明，但在结构上不应虎头鼠尾，草率收场，而应呼应有力，犹如活跃在草莽与乔木之上的豹子尾巴，遒劲回环，给观者

留有余味。

书籍作为完整的有机生命体，文本本身是有完整的结构的，设计形式不但要与文本内容相和谐，而且要能相得益彰。在读者阅读活动的参与下，其时空结构犹如一出戏。书籍在时空结构上，既不能“虎头鼠尾”，也不能让读者在欣赏的过程中，看到“水蛇细腰”。要认真对待每一个页面的版面设计，因为每一个页面都是构成有机生命整体的生命元件，都是时空结构的有机组成部分，同时更为切要的是：每个页面仅只具有相对独立性，而没有绝对独立性可言。无法想象，生命体的部分肢体可以游离于身体之外。遗憾的是，在当今书籍设计中此种闹独立性的现象，还并不鲜见。

书籍生命有机整体观念和结构意识的确立，势将影响到设计的每个环节、细节、流程。用全局思维代替零敲碎打，用结构意识摒弃东拼西凑，而领悟、吃透、把握书籍文本，才是成功设计的开端。

静态的书籍是一个占有实体空间的立体六面体，被封闭在十二条边线之内。根据书籍的性质、功能和设计师的艺术构思而相应安排长、

宽、高之间的比例变化，并确立开本样式。这个三维立体人造物，是设计师们挥洒才情、倾注灵感、独领风骚的舞台，凝铸着历代设计师们的创造心血。

静态的书籍呈现出千差万别的人文意蕴、文化情调、美学风格。而当读者翻阅、欣赏书籍之始，书籍便由静态转化为动态，时间元素介入其中，页面空间在时间之轴中或快或慢地运动。

物理学指出，人的眼睛有“视觉暂留”现象，比如夜晚拿一个小火球（或点燃个香头）挥动手臂做圆周运动，远观时会出现“火圈”圆形（或圆的“亮圈”）。其实圆形“亮圈”并不真实存在，只是由于“视觉暂留”作用，视觉把亮点的运行轨迹“链接”为“亮圈”。这与心理学中讲的“视觉记忆”相通。

随着阅读进行，书籍的页面在或迟或速的运动，在视觉暂留、视觉记忆的心理作用下，单独的页面会在阅读心理空间中连成相对的一体，因此，设计者从整体观念出发，就不能孤立地、绝对静止地去看待、处理每一个页面或局部。

书籍封面无疑是设计的“虎头”，是重中之重。函套、封面、书脊、护封、腰封、勒口、扉页、隔页等都要在相互联系中作整体性的考量。由数十乃至数百页构成的书籍，每一页都在相互联系中发挥着各自的作用。从设计整体而言，要着重考虑秩序之美，节奏之美，虚实之美，空白之美等。

任何生命有机体的活力都来自节奏。人类、动物心脏有节奏的搏动，富有节律地推动着周身血液的循环，维持着生命活力。宇宙、天体依照一定的节奏日夜运行，阴阳交割。古人云：“大乐与天地同和”节奏是一种大美。无节奏天地不存，无节奏生命熄灭，无节奏不成音乐，无节奏便无书籍设计之美。

书籍的节奏由版式、文图、疏密、虚实、黑白、色彩，乃至符号的大小、位置等元素协同构成。设计者在整体布局的前提下，应全面斟酌节奏的处理与安排，决不可掉以轻心。

在中国画创作中，有“疏可跑马，密不透风”的章法结构，形象地阐明了艺术创作中的虚实问题。密到极处风透不过，疏到极处跑马无碍。这是一种大实大虚、强对比艺术结构，

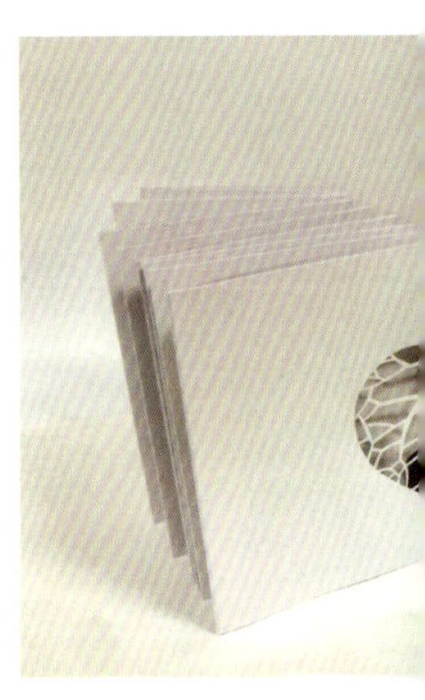

形成一种艺术对比之美，体现出古人对虚实关系的深切理解与艺术智慧。书籍设计中也同样讲究虚实关系的处理。一阴一阳之谓道。任何事物都由阴阳两个方面所构成，对立统一，犹如设计中的虚与实。虚与实是艺术处理的关键，妥善处理，会产生对比鲜明，巧妙灵动，乃至“此时无声胜有声”的艺术效果。

对比可以扩大反差，强化事物之间的对立性、矛盾性、尖锐性，是强化艺术效果的手段。把两个同等面积的极端色——黑、白两色并置，会造成黑者愈黑、白者愈白的强刺激性视觉效果。若特意把书籍的页面以黑白相间的方式连续排列，然后再把黑白间隔的频率加以有规律的变更（比如变成：一黑二白），当读者翻阅时会产生一种强烈的视觉节奏感，继而又会生成变奏感。疏密、虚实、色彩等的匠心安排，都会产生美妙的节奏感。书籍页面之间的节奏感在时间元素的介入、视觉记忆心理的作用下得以生成，而节奏的韵律，节奏的美，能够引发读者的阅读兴致。这是设计师要关注的。

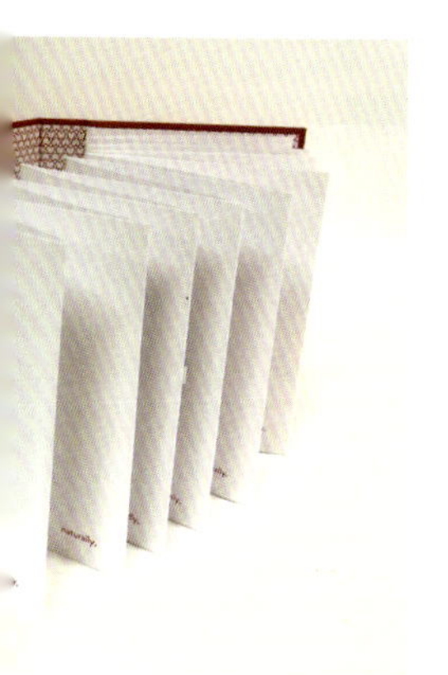

设计的对比性运用，还可以强化阅读的心理效果。比如，设计者在书籍的前页安排的画

面是：林黛玉焚毁诗稿，在无比绝望的悲痛与孤寂中离开人世，侍女哭声哽咽。下一页紧接着安排的画面是：贾宝玉成亲，婚庆场面热闹，唢呐声声。前、后“境”的强对比反差，化出震撼心灵的“情”的绝唱！“以哀境写乐，以乐境写哀，倍增其哀乐。”这种时空连续中的“对比”性设计，大大强化了文本内容的感染力。

我在为美术家设计画集的实践中，深深体会到每一个培基、单元都不是孤立的存在，都在阅读的时间之流中互有相关性。

比如，“色彩调子”的设计编排，就可以有多种选择。比如，左右平面铺开的两个版面，若欲强调其对比性，可以选取互补色关系。这样可以使读者在心理上感到：红调子的画作愈加红颜夺目，绿调子的画作越发青翠可人。而有的版面则更强调色调的和谐，以使版面空间的审美氛围春风和煦，温润如玉。有的版面在设计中强调致密，而有的则故意空疏。为了版面之间的虚实结构变化，有时连续几个版面均选择立幅，甚至出血不留天地，有时又间以横幅，以求其虚实相生和空间变化。画集设计中的节奏韵律、虚实疏密的变化、冷暖色调的调适，万变不离其宗，无不是为了适应阅读心理。

文本是设计的母体，艺术创作的根本原则是形式与内容的融合统一。设计者要运用创造性的设计语言、造型，阐释、演绎文本。比如为《红楼梦》做设计，其设计语言、文化情韵、色彩调式乃至材质选择，都会大不同于《西游记》。文本使然。

书籍的文图杂乱无章，或字距行距拥挤、呆板，缺少变化，往往使读者深感沉闷、乏味。而设计者通过合理巧妙的版式设计，使版面空间爽朗空明、眉清目秀、秩序井然，又富于变化，让读者在阅读中若移步换景，似走在山阴道上，目不暇接。因此在图书设计的时空结构中，秩序之美不可无视。

对于现代书籍设计，日本书籍装帧艺术家杉浦康平这样表述书籍的流动："当我们拿到一本书，用指头翻开书页，这时书的流动便随着阅读的速度而展开，阅读的速度又因读者心情、目的以及书的内容不同而发生微妙的美妙的变化。同时，流动还带动几个感官诱导出读者的触觉、嗅觉、听觉、味觉以及最重要的视觉等五种感觉的增强。"可见书籍"五感"说的提出，与“时间意识”密切相关。而“五感”说也渐渐地成为观察、考量现代书籍是否臻于完美的五种视角。

在德国举办的“世界最美的书”评选活动中，提出“五个评选标准”：“形式与内容的统一；文字图像之间的和谐；书籍的物化之美，对质感与印制的水平的高标准；原创性，鼓励想象力与个性；注重历史的积累，即体现文化传承。”这“五条金标准”与杉浦康平的“五感”说，其出发点与所关注的角度不同，有区别，但也存在着某种传承。我以为最为主要的不同在于评选标准中提出：“注重历史积累，即体现文化传承。”历史积淀与文化传承乃图书的灵魂和核心价值。

书籍“五感”说，全方位地研究了读者的阅读感受与心理，从人类眼、耳、鼻、舌、身全方位的感官功能的角度，更应从通感的高度，提示了设计者所应关注的诸多方面，缺一都不能臻于完美，也达不到最美图书的“五条金标准”。

在“五感”中，自然以视觉感受为首要，由护封、环衬、封面、书脊、切口、装订方式、材质工艺、色调冷暖等元素构造的美轮美奂的“立体建筑”——书籍，首先诉诸视觉感受，进而在阅读过程中其他生理感官的全面参与，并在通感的综合作用下，使读者对书籍的感受体验更为深化。

在现代儿童读物中，设计者在原本平面的版面上不仅设计出可以立起来的花草、动物，而且还有音乐声和香味儿，引发儿童的阅读兴趣。但对于有深厚文化素养的成熟读者而言，我认为设计师还应特别关注书籍“五感”中的“味觉”。我不详细了解杉浦康平所提“味觉”的具体内涵。我认为书籍的“味觉”，其重要性并不在于舌头味蕾的生理性感觉,而属于“以心味美”，是在心理感受中，以深度品味、玩味的细腻方式所进行的审美判断，或姑且称之为“品味判断”。它是一种幽远的历史感和深层的文化感。与最美书籍“五条金标准”的第五条，有内在联系。

“闻韶乐，而三月不知肉味。”乐味胜过三个月（时间感）的肉味，韶乐的余味不可谓之不长，这里含有以味论乐的意思。在中国古典诗论中，以味论诗更是常见，且还有诸如

“韵味”说、“滋味”说、“余味”说、“味外味”说等十数种以味辨诗、论诗的立论。中国书画的鉴赏，也特别讲究“品味”，味之不正，当属旁门左道。味是中华文化中重要的美学范畴。设计师在关注视觉美的同时，更要特别关注“味”的追求。书籍设计中的所谓“书卷气”，就是通过物化的设计造型语言，表达出富有历史意蕴与审美韵味的浓郁文化感。设计师不能浅尝辄止于外在的形式美感，而应着力向精神深度空间精进。余味绵长、回味不尽、言有尽而意无穷的这类深度品味审美，其中都含蕴了时间的元素，不绝如缕的余味总是伴随着时间感而绵延的。艺术家在创作中都想追求“晚钟效应”，因为傍晚的钟声，在弥漫着夕阳余晖的旷野中悠悠回荡，那是最能撩拨心灵的琴弦的，那是任凭想象驰骋的精神空间。

精神空间，是看不见摸不着的、主观感受性的“心理空间”。那么，有“心理时间”吗？试举两例来略加分析：一、“她在痛苦的煎熬中度日如年”。因“痛苦的煎熬”而使她在心理感受上把时间相对延长，因而“度日如年”。其实真实的时间仍然是24小时。二、齐白石每天都在忘我的兴奋状态下进行创作，他觉得时间如白驹过隙，因此他曾“痴思”“长绳系日”，拴住太阳。其实齐白石的一天并不短，同样是24小时。我们把这种心理主观感受的相对时间感，姑且称之为“心理时间”。

任何艺术种类都有自身的局限性，艺术家的才华，恰恰表现在对局限的创造性超越。诗的局限在于缺乏可视的空间性，但诗人力求突破自身局限，追求空间可视性，追求所谓“诗中有画”。王维的名句：“明月松间照，清泉石上流。”不但诗味儿清新浓郁，而且具有鲜明的画面感和空间可视性。堪称“诗中有画”的佳构。绘画的局限在于缺乏时间性，大师齐白石以其天才的创造，在《蛙声十里出山泉》一画中，妙用争相浮游而上的小蝌蚪的多种传神情态，倾泻而下的流泉的笔情墨趣，让人会意、联想到雨后的山谷远处传来天籁之音——蛙鸣声声在清新的旷野中悠然回荡。诗味醇厚，意趣隽永，回味无穷。堪称“画中有诗”，使审美境界向无限的纵深蔓延（相对延长了审美享受的心理时间）。设计师也应师法齐白石大师，调度多种设计手段，突破平面空间的局限，向精神的深度空间挺进。当然这非常之难。

古往今来曰宙，四方上下曰宇。宇宙的时间无始无终，空间无边无限。时空让人思接千载，视通万里。怀才不遇的唐代诗人陈子昂，登上幽州台，吟唱出“前无古人，后无来者，念天地之悠悠，独怆然而涕下”的喟叹。借时空之浩渺深邃，倾吐胸中块垒。时空之大美磅礴于诗境，折射出诗人的风骨与胸襟。

在中华文化观念中，艺术中的空白并非绝对的空无。老子哲学中就有无中生有、虚实互化的理念。宇宙空间是道的运动，是生灭互化的大化流行。中国画中的留白，不是绝对的空无，而是“即使笔墨所未到，亦有灵气空中行”。艺术的空白是艺术家营造的让人神思飞扬、遐想联翩、兴味隽永的境界。空白不空。

老子哲学中“无之以为用”的思想，虚实互化的观念，深深扎根于中国艺术家的创作理念之中。设计思想的民族化，不能仅仅着眼于外在形式，更应注重精神内涵。有的设计师在设计中采用民间图案、水墨风格、瓷画样式、古建纹饰等，丰富了设计语言和民族样式。今后还应进一步强化中华文化遗产的自觉学习与全面“化用”，用以创生浓郁的乡土文化气象与民族文化气质。“化用”者，融化、内化也。与生吞活剥、两张皮，不能同日而语。同时还要关注中华美学精神的深入开掘。诸如时空意识，即在其中。民族文化的自觉、自信、自立与开放意识，应成为书籍设计现代转型中的精神中流砥柱。

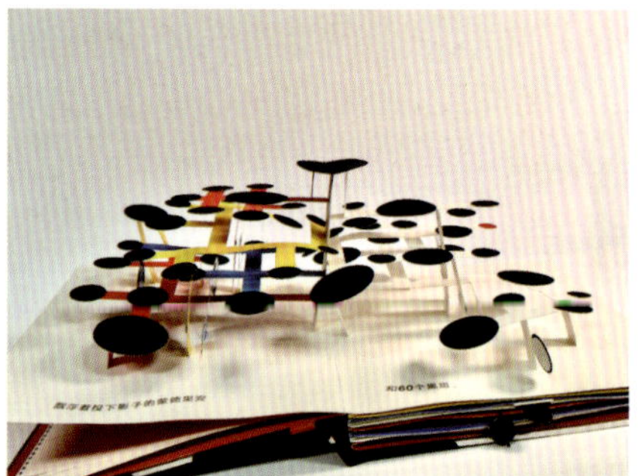

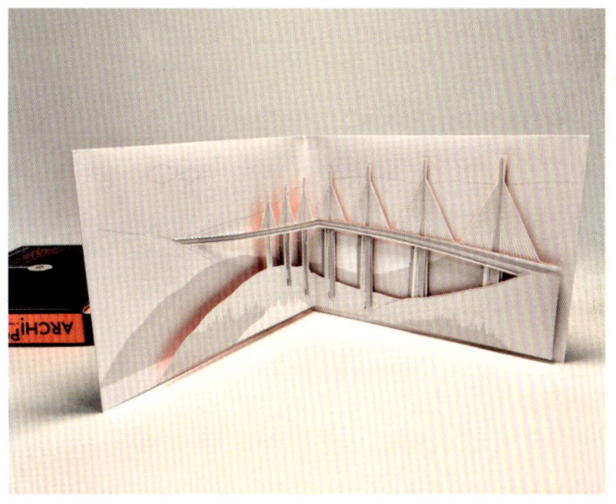

十二生肖

书法之

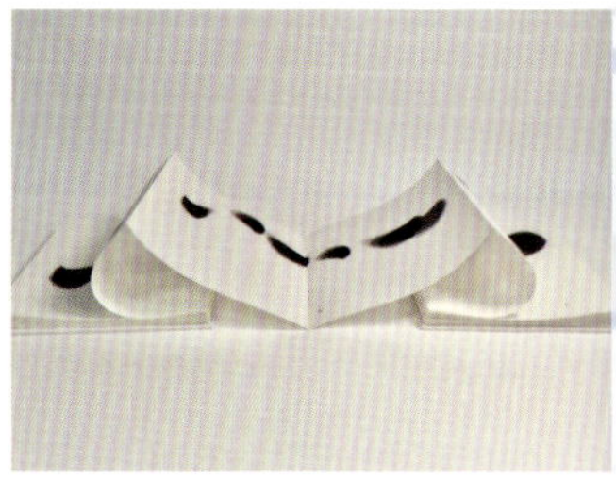

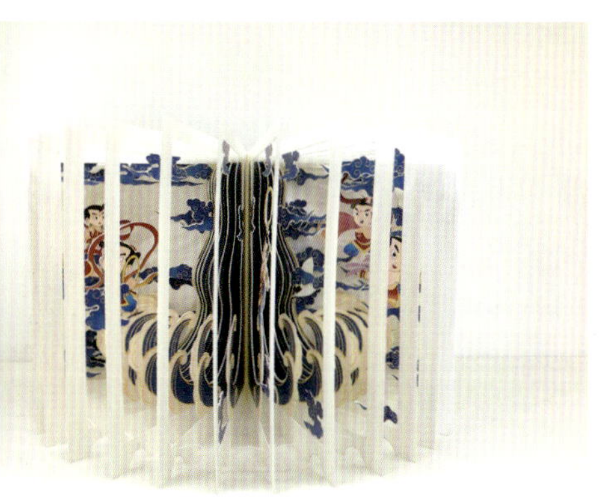

2005415

Heading
South
一路向南

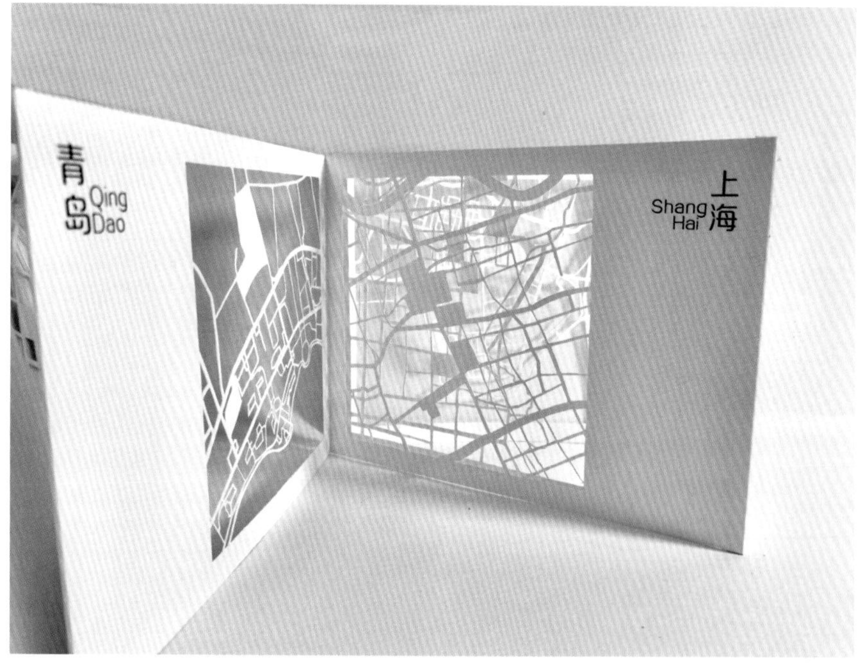
青
岛 Qing
Dao
上
海 Shang
Hai

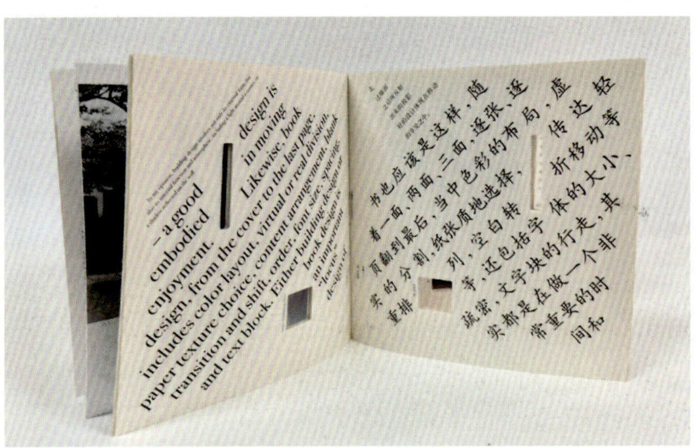
— a good
embodied
enjoyment.
design is
in moving
Likewise, book
design, from the cover to the last page,
includes color layout, virtual or real division,
paper texture choice, content arrangement, blank
transition and shift, order, font size, spacing
and text block. Either building design or
book design is
an important
书也应该是这样，随
着一面，两面，三面，逐张，逐
页翻到最后，当中色彩的布局，虚
实的分割，纸张质地选择，传达轻
重排列，空白转折移动等
等，还包括字体的大小、
疏密，文字块的行走，其
实都是在做一个非
常重要的时
间和

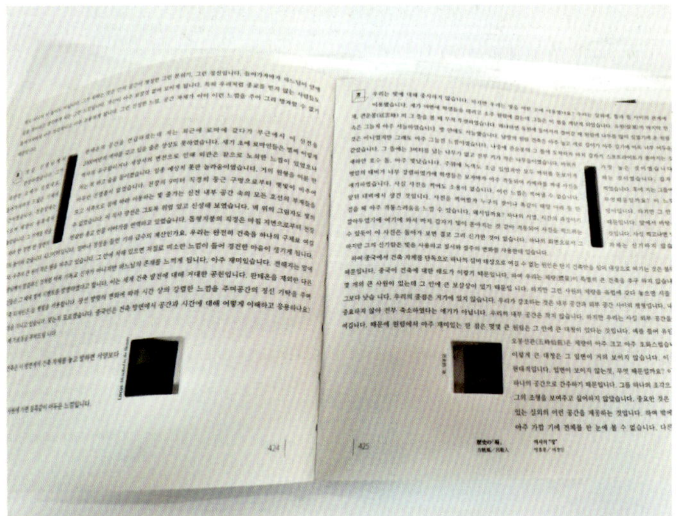

设计艺术学院
2006 毕业设计作品集

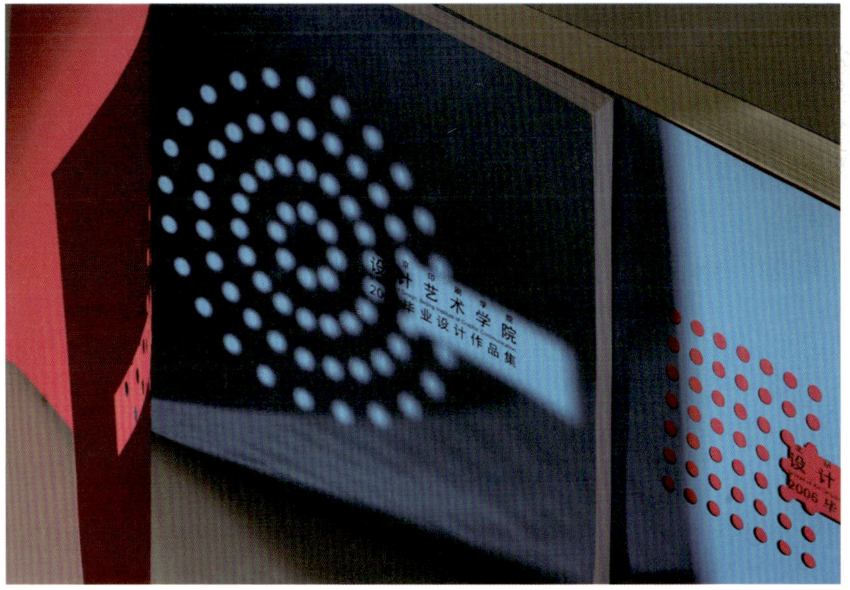
计艺术学院
毕业设计作品集

窗·语

3
利奥杯
创新设计大赛
获奖作品集

创意设计
艺工融合
2018北京印刷学院
本科毕业设计作品集

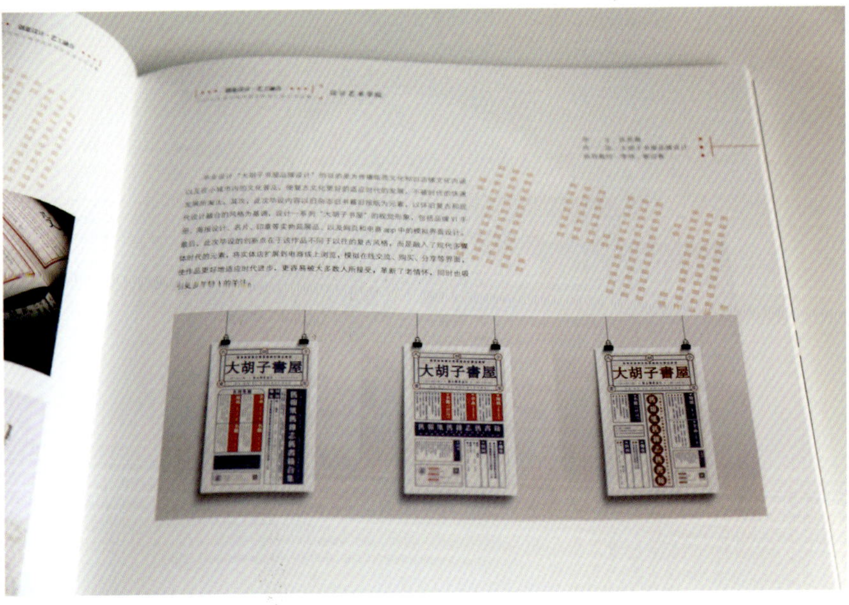
大胡子書屋
大胡子書屋
大胡子書屋

书籍 · 插图

书籍·插图

传统插图的人文价值

插图在我国绘画史上，应当说是一个成熟较早，成就较大的画种。从最早战国秦汉帛书插图，到魏晋绢本插图、唐代敦煌壁画插图、宋元印本（木版）插图、明清刊本插图直至近代各种形式的插图，每个时期的插图都具有独特的内容和艺术形式，语言和风格，积累了极为丰富的理论和实践经验。

中国传统插图的一个突出特点是，画家在创作过程中非常注重人文内涵的表达，而这种表达又都是画家根据传统经史典籍、小说、戏曲、民间传说等内容，既有通过人物、故事情节，表现宗教、伦理、世情的，也有通过山水、花鸟，抒怀达意的。这些插图，往往是画家在原文本的基础上，经过自身的艺术构思与加工，创作完成的。这些插图既准确表达了原文本中的内容、故事情节，又体现出画家艺术创作中的巧妙构思与无限想象；既有“成教化，助人伦”功用，又有提高人们生活情趣的审美作用，体现出当时的一种人文关怀。

目前，尽管数字技术已经进入不同门类艺术创作中，插图作为一种绘画样式也在探索与数字技术的有机结合，并且已经产生了许多新的视觉效果，同时也方便了今天的数字出版。但是当科学技术的进步影响艺术发展的同时，也会使原有艺术的人本内涵和传统的审美价值出现缺失。正如19世纪下半叶英国“工艺美术”运动代表人物威廉·莫里斯指出：在欧洲工业革命带动生产力提高、推动社会迅速向前发展的进程中，虽然机械化的批量生产降低了产品的经济成本，但是同时也降低了产品设计的艺术审美价值。

在数字化时代，如何在传统艺术中发掘和继承可用的创作资源，并结合现代艺术观念，使插图既准确体现文本主题，又充分发挥绘画

艺术创作的能动作用，用可视形象拓展思维与审美空间，体现插图的艺术感染魅力，同时在插图的艺术形式方面也要力求强化时代性、现代性与民族性特征。这是值得思考的问题。

传统插图的功能与形式创造

插图的功能——“文以载道”

我国绘画史上经典性的插图作品，为我们提供了可资借鉴的艺术经验。中国插图早期（唐以前）“图书都是手写手绘，以图为主，以文为辅，采用卷轴形式，与卷轴画几乎无异……”（祝重寿编著《中国插图艺术史》，清华大学出版社 2005 年版），如战国、秦、汉的“肖形印”，可以说是插图产生的一种雏形。

有较完整插图样式是从最早战国秦汉帛书插图开始，如 1942 年在湖南长沙子弹库战国楚墓中出土的帛书。帛书中间墨书有关天象灾异九百余字，帛书四边画有 12 个说明文字的神像装饰图形，文图并茂。

到魏晋时期，中国插图艺术达到了一个高峰，出现了诸如卫协、顾恺之、陆探微等许多大家。东晋画家顾恺之的《列女传图》《女史箴图》《洛神赋图》都属于手绘插图。这些插图是画家根据西汉刘向的《列女传》、三国曹植的《洛神赋》、西晋张华的《女史箴》而创作的。

《列女传图》

《女史箴图》

《洛神赋图》

由于文本的内容与性质的不同,顾恺之“量体裁衣”“因材施艺”,采取了不同的笔法,相异的笔墨形态,创造了与文本题材、风格相协调的时空结构形式。比如,《女史箴》是古代属于规劝(箴)的一种文体,女史(后宫女官)的道德行为、礼仪,要符合“礼教”的规范,画家采用“高古游丝描”,来描画女史们的褒衣博带、婀娜身姿,符合“礼数”的优雅仪态与行为举止。再如,《洛神赋》与《女史箴》《列女传》的情节结构不同,前者,以时间为序,推动情节发展,后两者则以相对独立的故事连缀成篇,画家以文本个性而创造了“时空连续”和“时空间隔”两种不同的结构形式。造型手法也不同,用“高古游丝描”的《女史箴》与用“铁线描”的《列女传》,其人物造型的审美意味给人的感受是很有分别的。尽管顾恺之的原作已失传,但从唐宋时代的临本中,也大体可以看出原作的风神面貌。

还应特别注意的是,尽管《女史箴》《列女传》以道德说教为主题,但是画家还是在“图绘”主题的框架下,发挥其艺术的能动性,利用主题文字提示来分割空间,在相对单元时空结构中展开相对独立情节，多个情节又汇成规劝的总主题。但是，并没有停留在图解和说教，而是关注人物审美形象的创造，并以审美情感的方式，达到潜移默化。如“冯婕妤以身挡熊”“班婕妤割欢同辇”等，画家在情节展示的同时，已注意人物形象的审美感染力：为了君王的安全，弱女子大义凛然，以身挡熊的神韵风骨；恪守“礼义”而不与君王同辇的班婕妤的娉婷风姿，都着力于从视觉审美形象中来揭示淑女的天生丽质与贤惠、知礼，从而达到彰显妇人之道的宗旨。从中体现了遵循艺术自身规律达到“文以载道”的目的。这是顾恺之在古代插图史上的重要贡献。

《列女仁智图》也是采用长卷形式，以间隔时空的方式结构整体。该插图注重形象心里的刻画，如在“卫灵夫人”中，画家为表现夫人的仁德与智慧，灵公的惊喜与佯装，伯玉的谦恭与恪守君臣之礼，而着力于动态心理刻画。特别是灵公盘坐前倾、佯装探问的神情，伯玉谨慎谦恭的步态形象，堪称“以形写神”理论的实践典范。通过人物的形象心理动态，达到对文本内涵的演绎与诠释。

《列女仁智图》

插图的形式——“境生象外”

中国是诗的国度。自古就有诗配画，画配诗，诗画一体的传统。唐代李白、杜甫，宋代苏东坡、黄庭坚及历代著名诗人，曾写有不少篇幅的题画诗，而自顾恺之之后的历代著名画家，也画过难以计数的诗意画。传统美学以诗中有画，画中有诗，诗是有声画，画是无声诗，为高层次的美学追求。正如苏轼所言：“味摩诘之诗，诗中有画；观摩诘之画，画中有诗。”道出了传统的诗与画的关系。

在我国绘画史上，尤其是在花鸟画、山水画创作中有大量的诗意画，从广义来讲都具有插图的性质和特征。晁补之概括得好："诗传画外意，贵有画中态"。诗意在笔墨形象之外，因而画要追求"象外求象"，"境生象外"，但诗意虽在象外却又要不失可视形象的内在特征。而诗意画的创作则要善于捕捉诗所提供的意象，形诸笔墨，并能创造象外之象的想象空间，才能含不尽之诗意。传统插图绘画亦然。

明、清是画家通过插图绘画艺术形式，将文学作品推向市井大众的时期。许多画家在进行绘画艺术创作的同时，根据古典名著、杂剧、历史人物、市井传说等创作插图。这一时期的插图在艺术表现形式上，呈现出绘画创作中画家表现意境时，所采用的种种图式与结构。

如讲求画面的虚白、空寂、平远、疏阔等，人物、景物刻画上追求以少取胜。如明代画家陈老莲为《水浒传》所绘插图"玉麒麟卢俊义"。这位义军首领右手执长柄斧，左手捻胡须，横跨步，身躯微右倾，仿佛在两军阵前瞭望前敌，一副泰然若定的姿态和深情凸现在画面当中。画家运用流畅的线条，以带有装饰性的造型手法，将其形神刻画得栩栩如生。画面背景一片空白，恍若梁山水泊，烟雾浩渺，烘托出了战前的片刻寂静。画面中大片的空白既衬托出人物形象，又将观者带入无穷的想象之中，其境自生。又如清代画家“海上三任”之一的任渭长，为《老子》插图造像。画家将这位道家创始人安排在画面的下方，侧身屈蹲，身边数捆书相伴。老子形象在画家笔下没有被神化，而是被刻画成一位秃顶须髯，慈祥安然的老人，既像是庙堂智者，又像是山野村夫，眼神透露出凝思的神情，仿佛在探问天地自然之道和宇宙间万物运行的奥秘。中国传统插图绘画中对“意”的追求与表达，使其具有了与其他国家插图不同的审美意蕴与文化内涵。

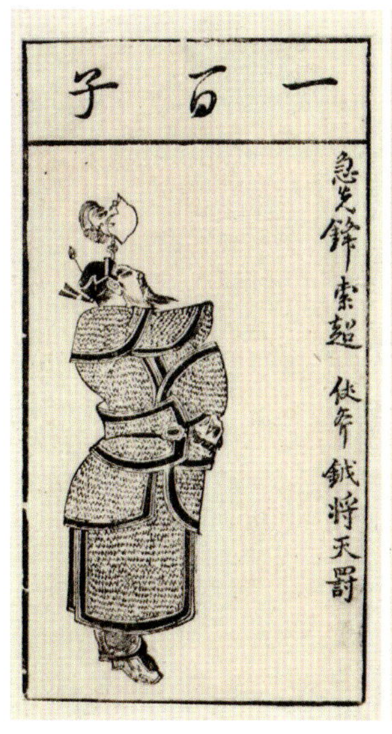

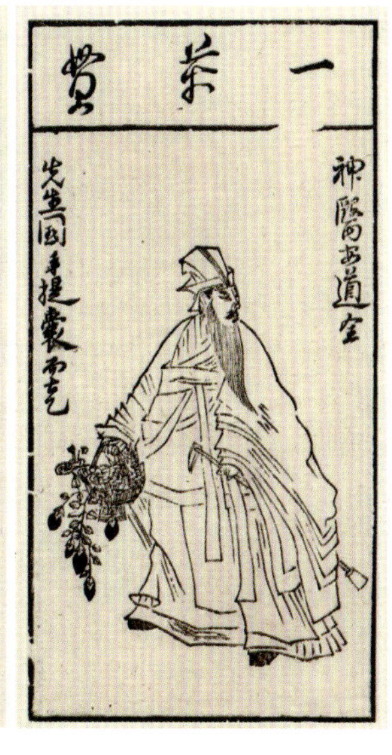

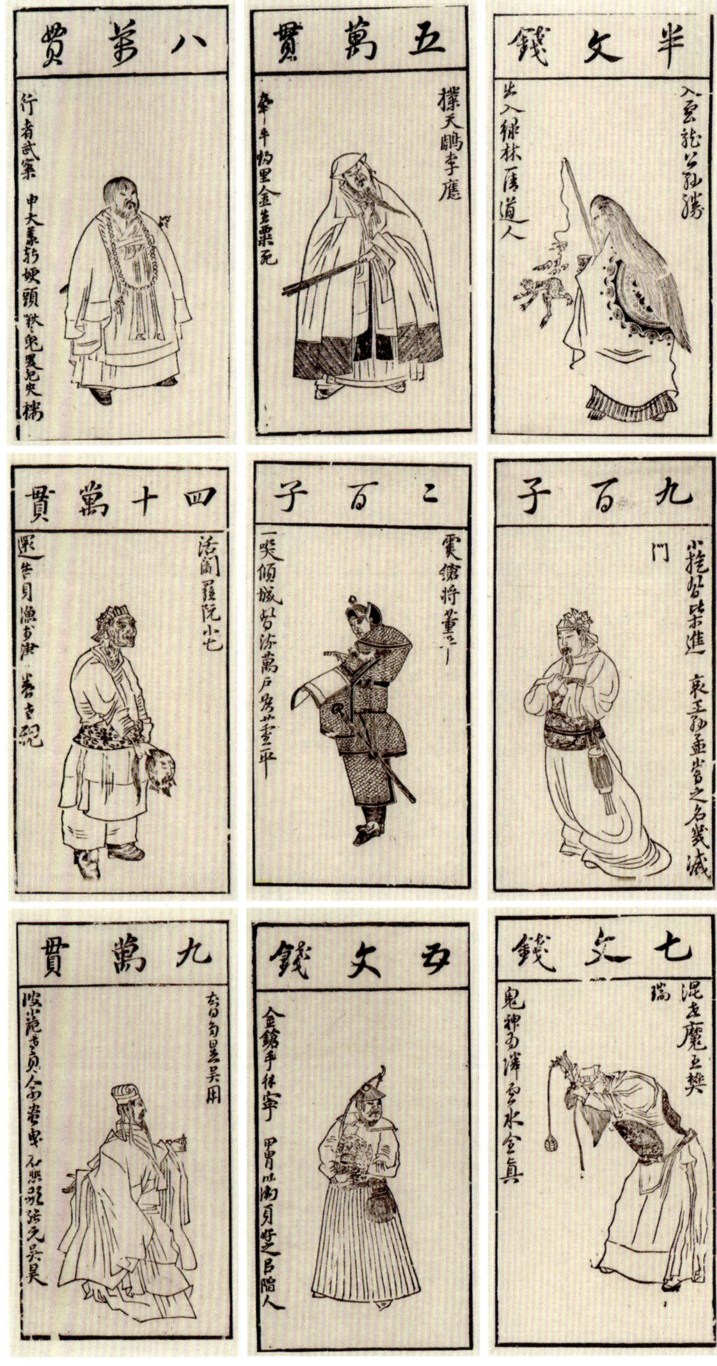
半文錢
入雲龍公孫勝
五萬貫
撲天鵰李應
八萬貫
行者武松
九百子
小旋風柴進
二百子
雙鎗將董平
四十萬貫
活閻羅阮小七
七文錢
混世魔王樊瑞
五文錢
金鎗手徐寧
九萬貫
智多星吳用

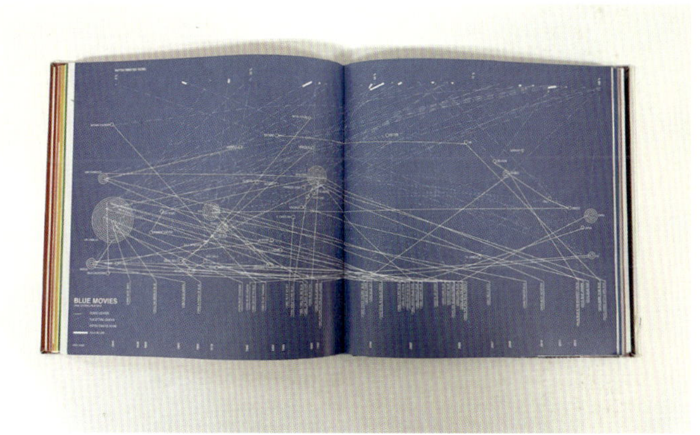
BLUE MOVIES

Eurytrachelus Titan(Black)

紅
夢
樓
影

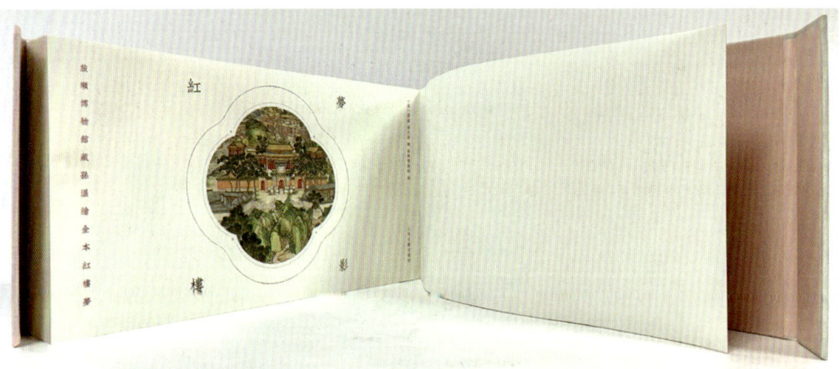
故宫博物館藏孫温繪全本紅樓夢
紅
夢
樓
影

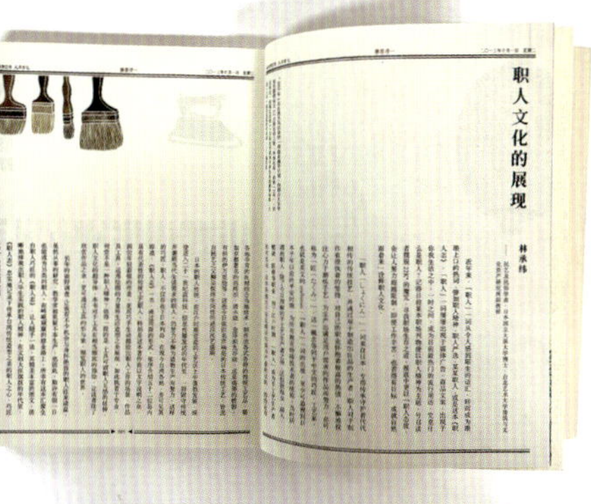
职人文化的展现

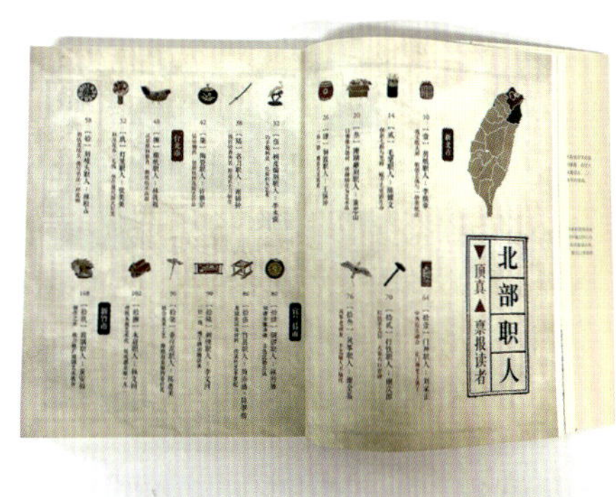
北部职人
顶真▲票报读者

造纸工厂大改造
转型成观光产业
推动纸文化的价值认同

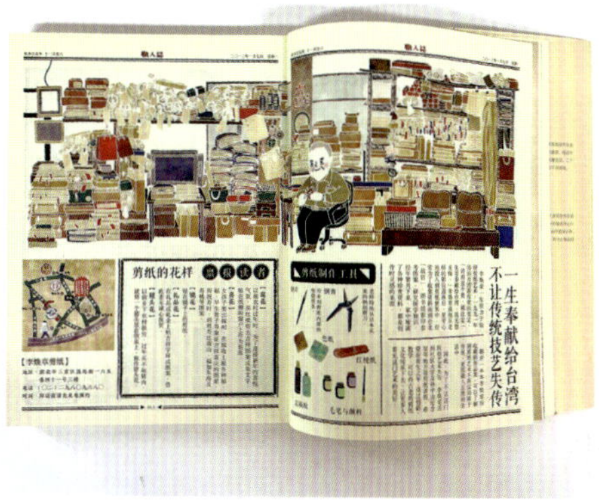
剪纸的花样
剪纸制作工具
一生奉献给台湾
不让传统技艺失传

作品橱窗
通过学校教育传承工艺
倾囊相授毕生所学
玻璃制作工具
安福玻璃雕塑室

"螺溪石"名称与特性
九十年历史传承三代
发扬石砚雕刻文化
将石砚艺术化
增添写毛笔字的乐趣
砚雕职人：董坐
職人誌

鱼山——绘著
草间 居游
中信出版集团

98
下篇 草间居游 99
春
喜鹊开始在对面的树上营巢，
衔着树枝起起落落几天了。
麻雀一大早就自顾自在蔷薇丛里闹着，
两只猫啼了几下，
小狗便又冲了出来一阵轻吠。
应该是春天到了，
是那飘着柳絮，扑腾着粉蝶的短暂光景。
我还蜷缩在温暖的草窝里，
等着风把梦吹醒……

THE LAND OF STONE FLOWERS
一部来自精灵世界的人类百科全书
睡莲花下的奇书

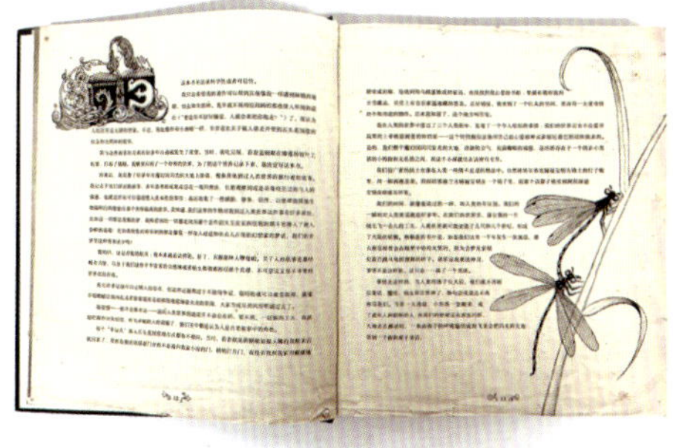

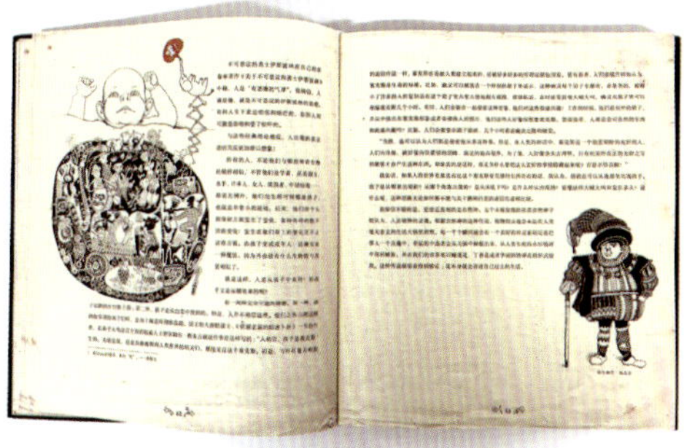

民居线条之美

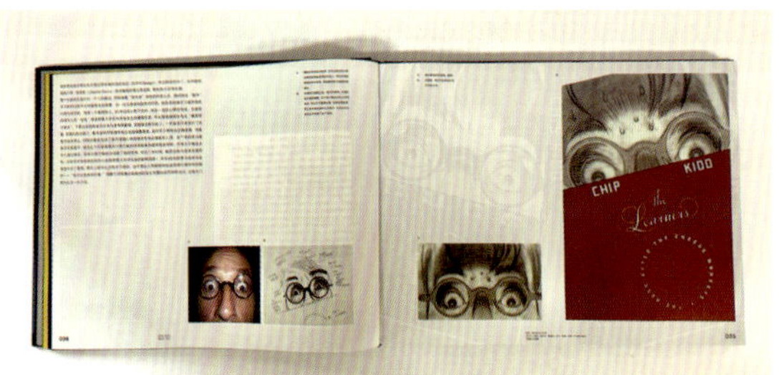
CHIP
KIDD

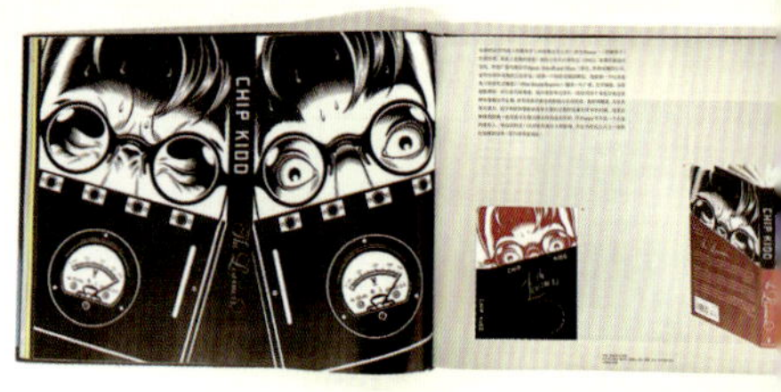
CHIP KIDD

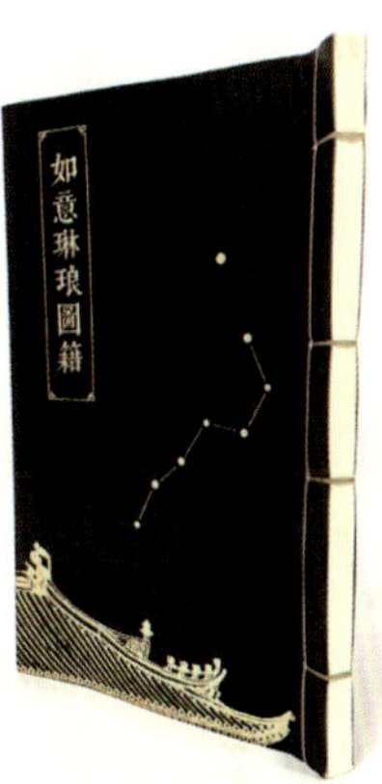
如意琳琅圖籍

太和殿

摩天
大战

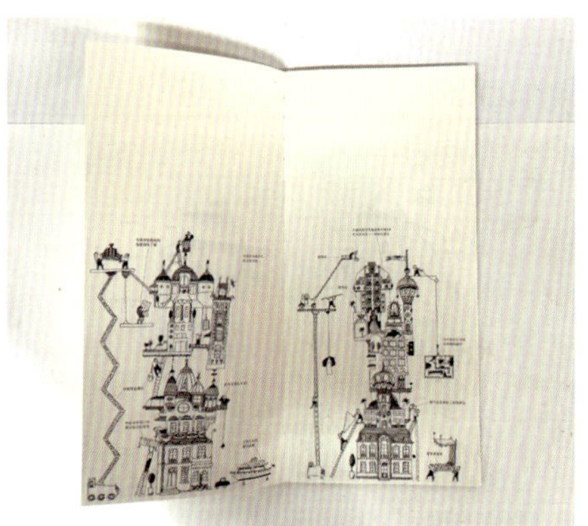

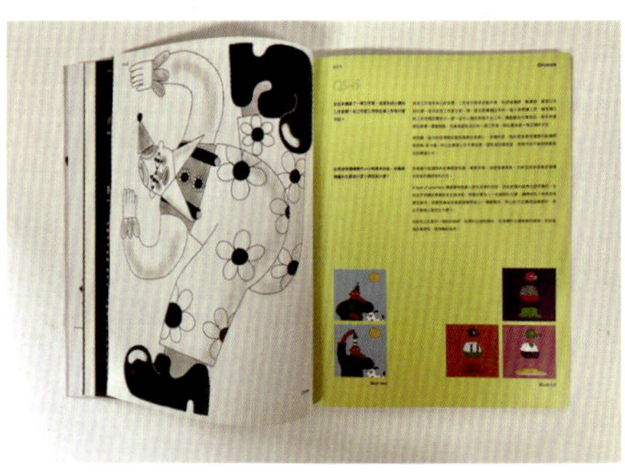

The Collection
물속 생물들

illumanatomy
일루미내터미 • 사람의 몸을 들여다봐요

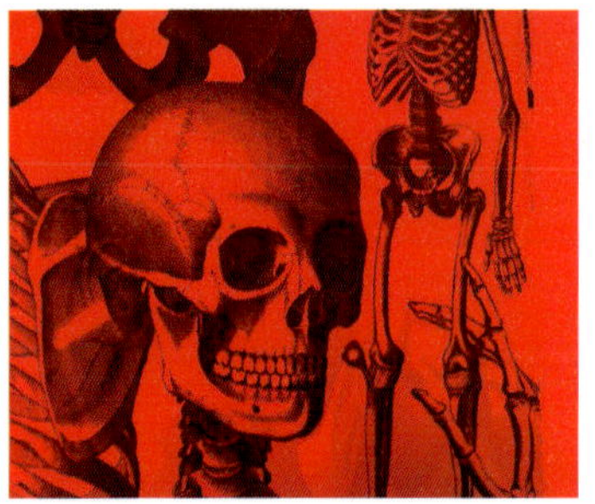

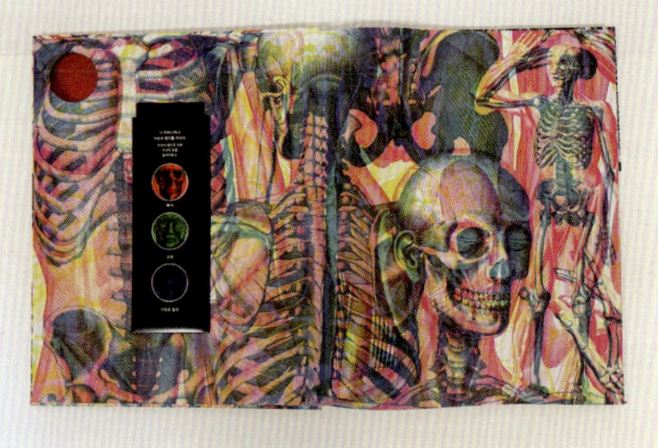

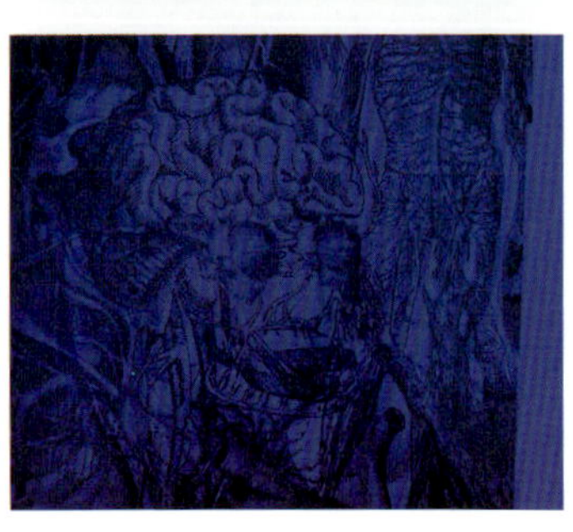

눈과 귀

书籍·页码

书籍·页码

页码看似微不足道，实则小有乾坤，蕴含着无限的设计潜力与可能性。现阶段人们对书籍设计的关注点仍然多停留在书籍的外部形态、封面、版式、材质、装订方式等方面上，页码设计却乏人问津。国外设计师在页码设计方面进行了一些富于创造力、具有实验性的页码设计尝试，如大页码设计、空间页码设计等，促进了页码设计的多样性发展。国内书籍设计师对现代书籍中的页码多样性功能缺乏深入认识和研究，少有将页码多样性创意设计纳入书籍的整体设计中来。笔者通过设计实践，以页码的三大功能（检索、记录、审美）为设计出发点，结合页码在二维视觉语言与三维书籍空间中的表现形式，综合考量书籍的风格类型、物化形态对页码设计的影响，尝试从风格、位置、色彩、形态、结构、装订方式、材质工艺等方面体现页码的功能价值，挖掘页码的多样化表现形式，提升书籍整体设计水平，丰富读者的阅读体验。

页码检索功能的设计

检索是页码最重要、最本质的功能，在读者的阅读过程中发挥着重要作用。如何在充分发挥页码检索功能的基础上，融入设计创意，提高检索效率，丰富读者的阅读体验，是设计实践中需要思考和探索的。

书籍的内容千差万别，承载的信息量有多有少，有的书厚重如砖，有的书轻薄如帛。但无论是什么样的书，其页码内在的计数规律却是有迹可循的，只要找到这些规律，分析利用并加以设计，融入创意巧思，便可提高信息的检索效率，给读者阅读提供便利。书籍的页面有奇数页和偶数页之分，相邻的奇数页和偶数页是正背的关系。一本书的页码可以无穷无尽，但奇数页的个位数字总是遵照“1，3，5……”的规律循环重复。同样，偶数页的个位数字也具备“2，4，6……”循环重复的规律。如我们在《中国画百事通——名家名作篇》一书的页码设计上，就利用了这一规律，将该书的所有页码按照个位数字分为五组（每一组都由个位数字相同的页面组成），占据书籍的一个区域，形成五个相对独立的区域，翻阅时每个区域自成一体，互不冲突。试想一下，读者检索信息的范围就不是整整一本书，而仅是整本书的五分之一，查阅难度减小，检索效率却大大提高。

结合读者的阅读习惯和书籍翻阅过程，我们尝试在翻口处进行页码五个区域的划分。既尊重读者的阅读习惯，同时又更加便于读者进行翻看查阅，使读者在动态翻阅中感受到页码设计带来的不同体验。设计思路和设计形式基本确定后，接下来要对页面的形状进行反复推敲。最初的设计方案是在书籍翻口处的页边上平均划分四个点（五等分），再在下切口处找

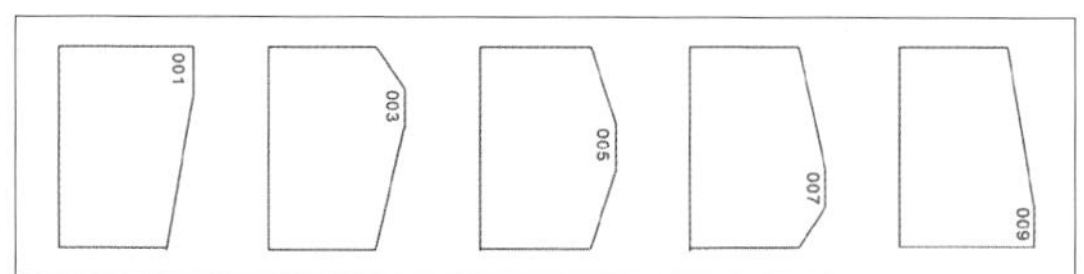

到位置适宜的点，与翻口处的点分别连接，裁去各自多余的部分，翻口处的五个区域就清晰地显示出来了。

此方案虽然划分了区域，但是页面形态凌乱随意，也不利于版面的布局编排。我们又在此基础上进行了微调，调整后的页面形态更加统一，相对完整的版心区域被保留了下来，我

们在反复试验中发现，001 页与 009 页的页面是一样的，只是摆放方向不同，同理 003 页与 007 页也是如此。因此书籍所有的页面看似

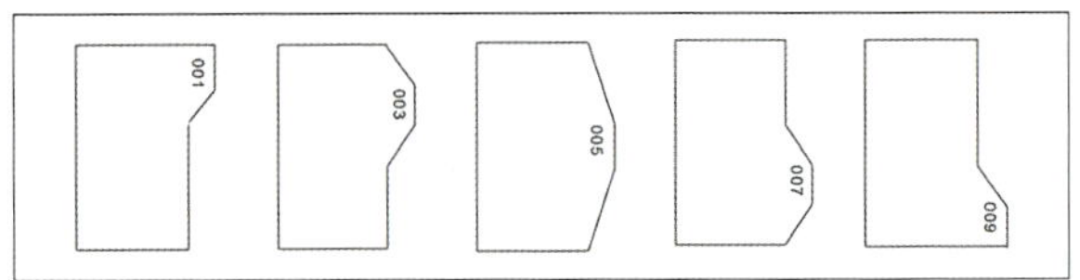

以五种页面形态存在，实际的形态只有三种，通过模切技术可以实现批量生产此方案的书页为单页，并无折手，最适宜线装。

一本好书必然是内容与形式的完美结合。《中国画百事通——名家名作篇》经过对页码的设计形式、装订方式等方面的探索，并结合书籍内容的综合考量而完成，一方面突出页码检索的功能，另一方面更好地展现书籍特色。

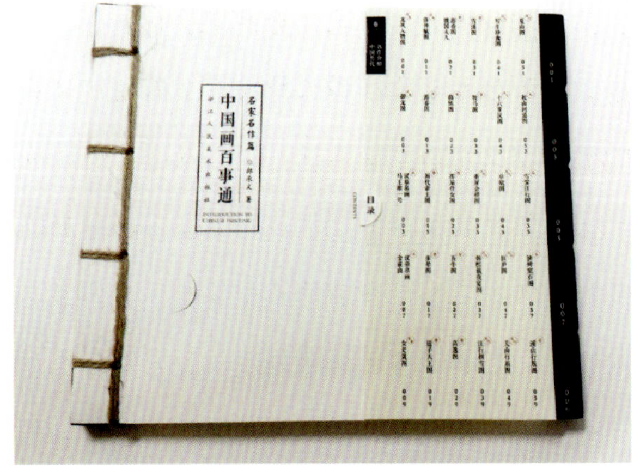

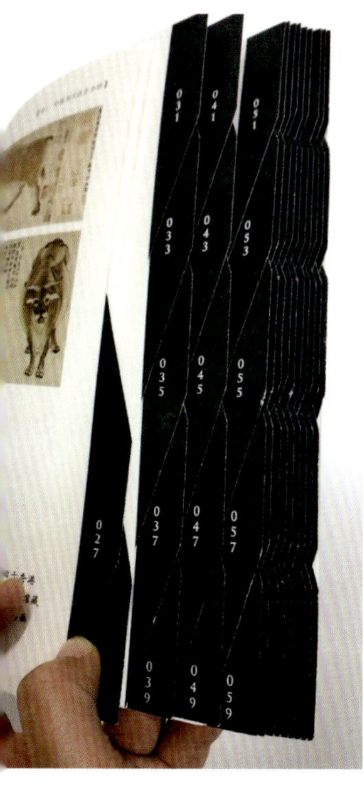

从内容上来说，这是一本中国画相关知识的工具书，内容包括历代名作、名家的简要介绍，碎片化的信息更易突显页码的检索功能。

该书在设计方面最大的特色在于目录与页码的组合设计，两者相辅相成，极大地提高了检索效率，同时，让目录与封面自成一体，目录页设计成一个折页的结构，若信息量大，在设计上可增加长度。目录内容根据页码的 5 个区域也进行了划分——目录上个位数字是 1 的相关信息就与页码个位数字为 1 的部分对应，以此类推，十分直观。读者在检索信息时，顺着目录，找到页码的 5 个区域之一，手指放在这一区域进行翻动，翻阅时你会发现该区域中所有页码的个位数字都是一样的，相当于你在以十页的速度进行查询，缩短检索时间，提高检索效率。同时，我们还为目录页设置了两个卡口，目的是固定目录页的位置，解决读者来回翻看时长页的拖尾问题，双卡口的设计就算页面再长也能固定。

在平时的阅读体验中我们发现，较厚、信息量大的书籍检索起来比较困难，根据目录获知信息所在的页码之后，因其页数繁多，常常要翻多次才能找到。针对这一问题，我们尝试在《怀斯曼生存手册》的页码设计上，探索更加有效的检索方式。首先，我们从书籍形态与页码的关系出发，根据页面总数，将书页分组，如10页一组或20页一组。以10页为例，每隔第10页的页面保证形状完整，其余页面在翻口（适合翻页）的位置进行镂空，造成一眼就能看到第10页的效果。完整无镂空的页面都是10页的倍数，再厚的书，读者通过10页、20页、30页……的区域划分进行模糊定位，在模糊定位中再精确定位，提高阅读效率。类似的表现形式还有，如以书角的切割取代翻口的模切，更加节省成本，也能达到同样的效果。

在此基础上又进行了进一步探索。同样是10页的翻阅，通过模糊定位再到精确定位，如果是第10页、20页、30页……都位于同一个平面空间，而非前后关系互相遮挡，直接掠过模糊定位“翻”的过程，读者几乎“所见即所得”，这样的检索体验相信会带给读者不一样的惊喜。如果考虑以10页、20页、30页……200页……300页……这样的页码分组全部同时出现在翻口处的同一个平面上，如果页数过多，而开本较小的话几乎无法实现。我们通过提炼页码，发现若以10为基本单位，每十页地增加，加至100之后，又开始由10到100的反复循环。利用这一规律，只需将书籍划分为十个区域——10至90，累积到100之后重

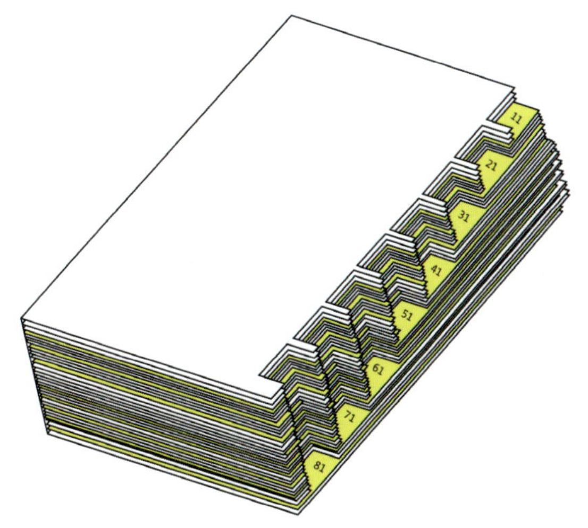

复回到10至90的位置上，并通过镂空使这十个区域鲜明地展现出来，简单明了，方便读者查阅信息。

《怀斯曼生存手册》是一部指导野外生存的工具书，里面有大量细碎的知识与指导，此类内容适合体现页码的检索功能。我们在书籍设计时，有意识地在其中安排了一个视觉符号——叹号，贯穿于整本书的始终。页码设计

作为书籍整体设计的一部分，我们将页码模切位置的设计为叹号的形状，使页码设计融入书籍的整体设计中，彰显书籍特色。

页码记录功能的设计

记录功能是页码的重要功能之一，在阅读过程中，页码能帮助读者记录阅读点和阅读量，把握阅读节奏，保持阅读的流畅性。页码是一个内涵丰富的计量符号，我们从页码记录阅读量的角度出发，融入“进度条”的概念，清晰地展现读者的阅读进度，便于读者掌握对一本书的阅读情况，帮助读者安排时间，做出合理的阅读计划，同时，丰富页码表现形态，为读者带去多样化的阅读体验。

例如《设计师的15天单词计划》是一本以设计师为对象的英语词汇书，其中按照不同领域划分了15个单元，整合了大量的专业词汇，帮助设计师了解相关知识，增进专业技能。对于此类强调时效性和学习效果的书，由页码的记录功能出发，我们采用进度条的形式进行了设计。每一页的页码设计在书籍内页地脚的位置用灰色与红色符号示意已读页、当前页、未读页的信息显示。整个进度条的长度与前进的幅度均经过计算，整本书读完，进度条也走完。此设计既保证了页码的检索性不受影响，又能帮助读者了解整本书内容的分布概况，通过颜色的区分变化，直观了解自己的阅读进度，合理安排时间，督促阅读。腰封处设计了一个抽页，结合封面上的镂空，通过抽拉可以看到

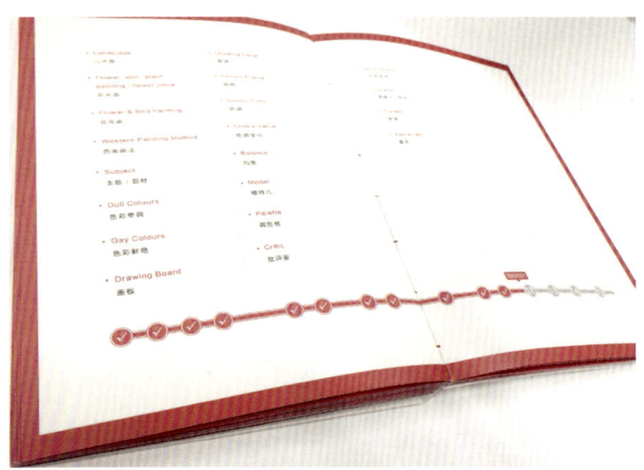

封面上逐渐显现的进度条，增添了阅读的趣味性，又展示了该书的页码特色。抽拉出的部分上有关于页码的识读说明，辅助读者阅读。

页码审美功能的设计

审美也是页码的一项重要功能。页码作为书籍页面的一个视觉元素，设计师应在整体性设计原则的指导下，丰富页码的表现形式，通过页码设计增添书籍的美感。每一本书的主题、内容、风格、读者群体不同，必然导致书籍存在形式的差异性。每一本书都是不一样的，因此页码的设计也不应千篇一律。设计者应把握页码设计的差异性，于细微处彰显书籍的审美个性，丰富读者的阅读体验。例如《有一天》是一本讲述母亲与女儿浓浓亲情故事的绘本书籍，书中以母亲的口吻讲述了女儿由诞生到成长的经过，情之所至，感人至深。我们在此书页码设计上打算以整本书母女之间的脉脉温情为创意原点，结合每页的情节和插图，以情感化的设计方式加以展现，使每一个页码都与众不同，富有浓浓的生活情调，突出页码的审美与个性，与以往页码单一的表现方式相比更加生动，也更能烘托书籍的氛围，借助图形创意、特殊结构等手段丰富页码的表现形式，带给读者不同的阅读体验。

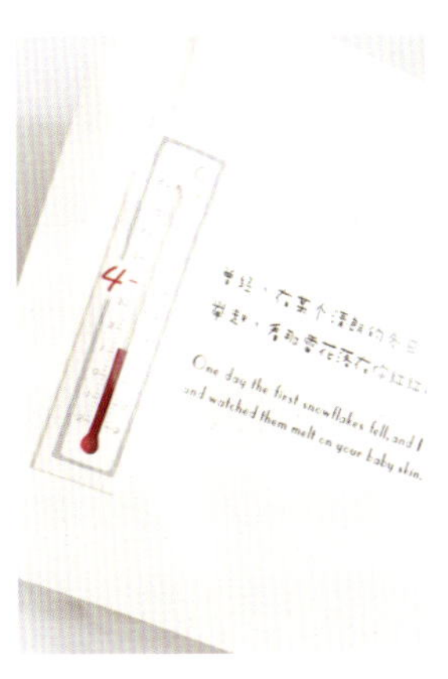

例如，文本的内容提到“在某个清朗的冬日……”，我们联想到温度计，把页码设计成了温度计的造型，添加了一个抽拉的结构，由于结构的设计使读者拉到4℃时便不可再拉动，指示此页P4的页码，增添了阅读的趣味性。又如书中描绘的是晚上母亲哄女儿入睡的场景，笔者在页码表现上设计了一个打开的小窗户，透出了夜晚的夜空，页码

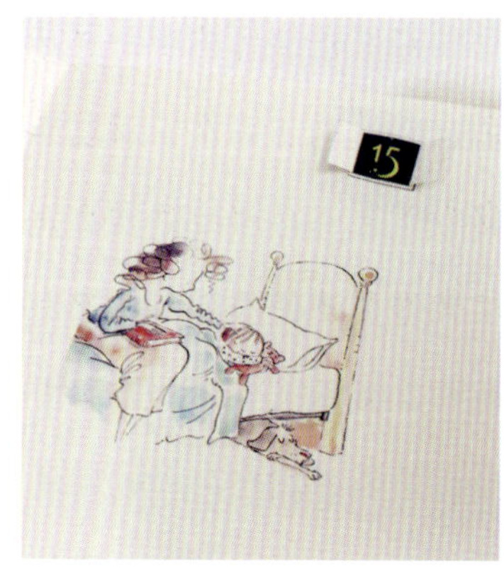

15镶嵌在夜空里。通过这样的小结构，用页码模拟了星空的视觉感受，烘托出文中氛围，增添了阅读的情调。还如文本中描述的内容是“有一天，你会潜入冷冽清澈的湖”，作者把页码16营造成浸入湖中的视觉感受，使其更为生动有趣。再如文本的内容是“独自走进一座葱郁的森林”，笔者把页码18设计成立体的结构，与书页成90°，并赋予投影的效果，如同把读者带入一片小小的森林。

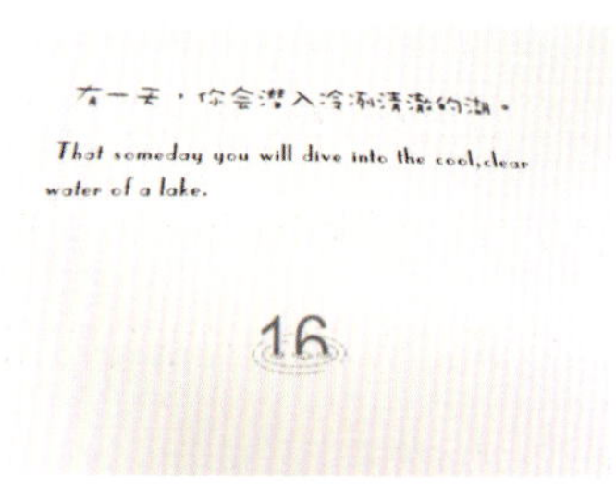

以页码设计推动书籍设计向整体性、多样化方向发展。一本好书的最终评判标准在于书籍各部分之间的关系是否和谐统一，是否能为读者带去阅读的温度和审美的享受。精致的书不应忽视任何细节，看似微小的页码也不能脱离书籍的整体性设计。页码的设计不是一成不变的，应随着书籍形态、结构、厚度、材质、思想内容的变化而发生变化，当然，这种变化的目的仍然是为读者营造更舒适、更有温度、更人性化的阅读体验。这就提醒设计师们要善于把握细节，争取任何一个能与读者发生互动、产生共鸣的机会。对于页码设计可以从多种角度进行思考，伴随印刷技术、材质工艺、后期加工的不断发展与进步，页码设计具有广阔的发展空间，这就需要书籍设计者们转变陈旧观念，增强创新意识，丰富页码的表现形式，让页码为书籍整体设计增色，以页码的设计促进书籍设计的整体性、多样化发展，从而推动书籍整体设计水平向更高层次迈进。

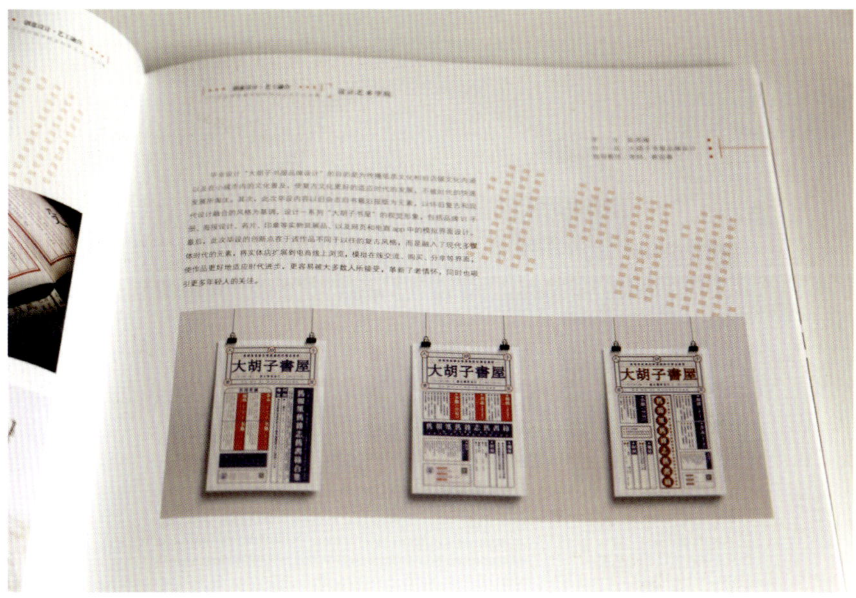
大胡子書屋
大胡子書屋
大胡子書屋

虚拟互动的多媒体设计
一、什么是虚拟互动
二、虚拟互动多媒体系统的现状与未来发展

系列多肉植物
001
金海瀛

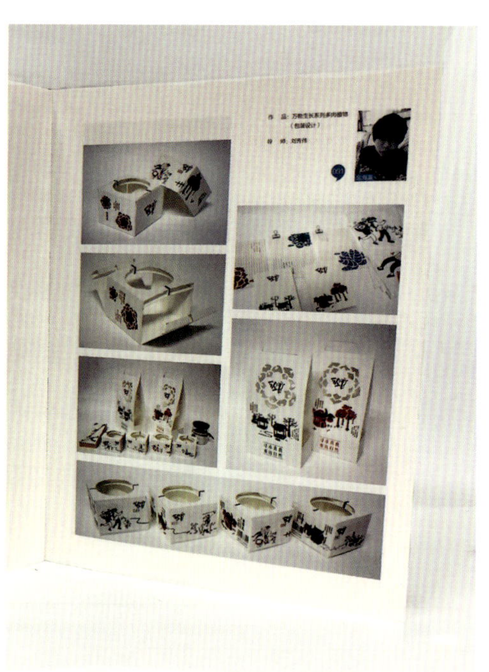

001
学生：周怡君　导师：韩济平　杨宇平

001

001

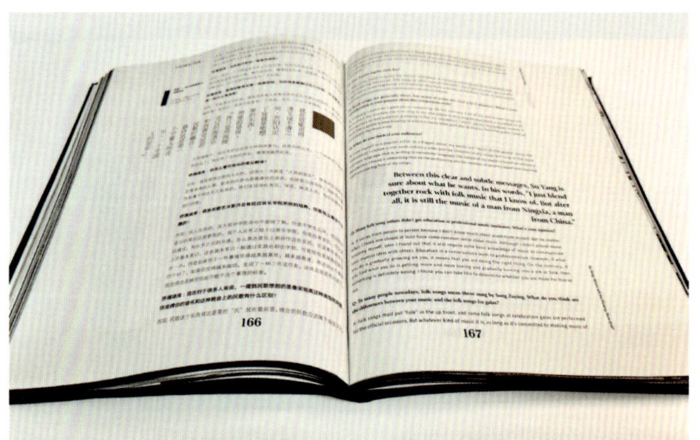
Between this clear and subtle messages, Su Yang is sure about what he wants. In his words, "I just blend together rock with folk music that I know of. But after all, it is still the music of a man from Ningxia, a man from China."
166
167

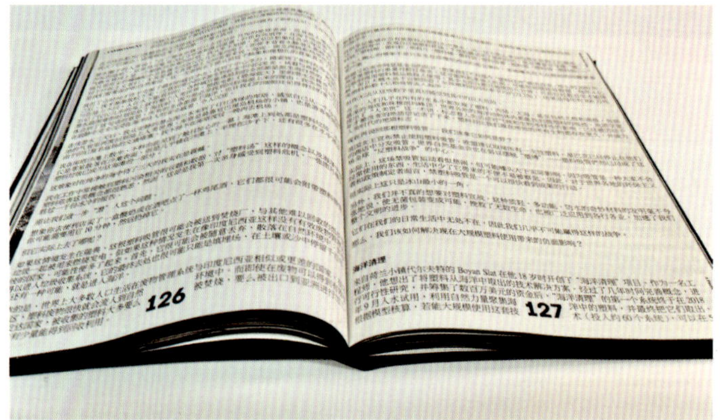
126
127

We the People
Plastic Recycling
-244-
-245-

书籍・书脊

书籍・书脊

书脊是一本书的重要组成部分，被人形象地称为“书籍之眼”。当今的书籍设计强调设计的整体性，书脊与书的关系本身就是局部与整体的关系，书脊作为书的一部分，会影响到“书”这一有机整体的各方面。书脊不仅是连接封面封底的关键环节，同时也整合了封面、封底、内页。从这一角度讲，书脊设计的好坏会直接影响整本书的效果。书籍设计家吕敬人先生提到过：“书脊——书在表示空间中的主角”，可见书脊的重要性。

书脊与书写格式

书写格式是人们书写的习惯。中国古代自简策起，就形成自上向下，自右向左的书写方式。钱存训先生曾提到过，这种自上向下的书写习惯，是由于古代用毛笔书写，且汉字的笔画大都是从上到下的，而且竹简是竖条的形态，竖行书写更方便。自右向左的书写方式大概因为要用左手执简右手书写，书写时由右到左。

书写习惯的固定也使人们形成相对固定的阅读习惯，所以直到后来印刷术出现后，印刷的书籍依然采用从右到左的文字排列方式。

公元前300年西方拉丁文字出现，拉丁文的书写顺序及阅读顺序都是自左向右，所以无论是何种载体承载的文字，均是依照最古老的文字发明时的书写格式。这种自左向右的格式影响西方几个世纪，也导致了近代中国书写格式的变革。

书脊与装订方向

由于中国古代书籍中，文字是自上而下，自右至左的竖排的书写格式，所以阅读顺序也是从右到左。为了进行连续阅读，书籍在翻页时也要遵循从右至左的翻阅顺序，致使书籍装订时要在右侧进行装订，所以翻口则在书的左侧。这样的册页装订方向，自蝴蝶装起，直到线装书都一直使用。古代西方的书写格式与中国不同，阅读顺序也不同，相应地装订的方向也与古代中国不同。西方自左至右的横排书写与印刷格式，使西方书籍在左侧装订，且一直沿用至今。

书写格式与装订方向的不同都对古代中西方书脊的发展有所影响。

19世纪中后期中国出现了大量译制的外国作品，同时铅字印刷术传入中国，中国的装订工艺在新环境的冲击下发生了很大变化，逐渐开始采用西式的平装和精装的方法。在书脊的设计上也对单一的形式进行改变，出现图与文字的结合，字体也有更为丰富的选择，使书脊的设计一步步走向现代。

当今书籍设计的涵盖范围很广，不再是简单的封面装帧设计，而更注重书籍的整体性与创新性。书脊作为书籍必不可少的环节，也引起了设计师们的关注。时代发展使人们的审美与品位逐渐提升，在中国书籍设计领域，新颖的风格和制作工艺不断涌现，传统的设计思维逐渐被打破，当代设计师的设计方法与设计理念有了丰富而深刻的变化。当代书籍设计中，对于书脊的设计在保留书籍记载与传播信息功能的基础上，更大程度满足当代人的精神文化需求，增强了书脊的功能性与审美性。国外的书籍设计进入更个性化和多元化的时代，除了批量印刷的图书设计之外，概念书、手制书的设计也不断发展，出现了更为新颖的书脊形态。设计师们运用特殊的材质与工艺，使书脊的设计更具独特性，同时将设计者的情感通过书脊传达给读者。如今，国内外书籍设计领域对于书脊的设计都处于不断地探索与创新中，层出不穷的优秀作品让人们看到了书脊设计未来发展的无限空间。

书脊中的文字

文字是一本图书中信息的主要来源，在书脊这个小空间中，文字依然是传达信息的主力。书脊上会出现的文字内容包括书名、作者名、出版社名称等，有时也会根据特殊的设计需求在书脊上编辑相应的文字内容。所以在有限的空间里对所有的文字进行整合设计，成为书脊中文字设计的重要任务。书名是书脊中最受读者关注的信息，是对图书内容最精练的概括，可以帮助读者判断哪本书才是自己所需要的。设计者在设计书名时，会比较强调醒目、突出，并在此基础上加入更多审美元素。根据题材和内容的不同，书名可以被赋予不同的形式和风格，如：文学类图书，书名的设计需要与文风一致，或飘逸或清秀；艺术类图书会更体现书名的装饰化与个性化设计；科技类图书则会选用庄重严肃的字体作为书名，以体现科技严谨的特性；儿童读物的书名设计要符合儿童的心理需求，多运用活泼生动的形式；一些杂志期刊的书脊设计中，书名已经更具符号性，是一本杂志的形象代表，在设计时会更注重书名设计的独特性。书脊上书名的设计要和封面相呼应，有些图书的书脊上会直接沿用封面书名的字体。书脊上还会出现作者名、译者名、卷次、期次及出版社名称等，这些文字也要归入书脊整体的设计中。由于书脊上的文字具有引导性，可以方便读者了解一本书最基本的信息，所以书脊上文字的字体选择与字体设计需要首先把握好文字的可识别性。

为了使读者可以轻松地阅读书脊上的文字，此类文字也大多采用印刷字体，且在字体和字号的选择上也要适宜。

书脊中的图形

文字是语言的符号，可以唤起人们对过去经验的回忆、经历的体会、情感的想象。而“图”

是直诉人们的视觉感官的。图形是平面设计的重要视觉语言，其作用很广泛，既可以辅助文字，加强信息的传达，也可以单独使用，来表达某个事物，同时又具有装饰功能，使设计更美观。在书脊的设计中，图形依然是不可缺少的。有些图书封面、书脊、封底上的图形是一个连贯的整体，是不可分割的完整图形，这时通常会运用书脊的空间，将封面与封底联系起来，使封面、书脊、封底的关系更完整、更整体。有时出于版式的需求，或者要在书脊上更直观地体现书的内容，就需要在书脊上进行专门的图形设计。书脊上的图形设计可以有多种不同形式，包括矢量图形、手绘插图、经过处理或再设计的图片和照片等。书脊空间很小，出现在书脊上的图形多是对整本书内容的归纳与提炼，可以使读者通过对书脊的第一印象感知书中所传达的信息。书脊中图形的编排方式也有很多选择，可以附于文字周围，使书脊的设计更传神，让读者在阅读书名时可以通过一张图片或照片对书的题材以及书的内容有了更清晰的了解；图形也可以衬于文字下方，加强书脊设计的层次感。还有时候设计者会通过与书籍内容相符的图形或花纹装饰，作为美化书脊的元素。

很多图书由于特殊要求，须在书脊上出现一些标识性的符号或图形。如出版社的logo、特定品牌图书的品牌符号或某一系列图书的代表符号等。虽然这类图形不可做大的变化，但它们同样属于书脊版面中的图形元素，在设计与编排时，要将其归于书脊的整体设计之中，通过对其位置、大小等的调整，使这些固定的图形元素以更生动灵活的形式出现在书脊上。

书脊中的色彩

一本书的书脊需要有足够的视觉冲击力，才能在第一时间吸引读者的眼球，并使读者在书架上的众多书脊中找到自己的目标图书。好的视觉效果一方面要通过书脊的整体色调来表现。色彩可以将文字、图形等其他元素融合在一起，使所有的元素形成一个有机整体。书脊色彩的设计要兼顾封面与封底的整体性，这种整体性有时体现在颜色从封面到书脊再到封底的连贯统一，有时却体现为对比强烈的颜色搭配。这两种风格给人以不同的视觉感受，前者是展现浑然一体的色彩之美，后者则用更跳跃的方式引起读者对书脊的关注。另一方面还要体现出色彩的形式之美。书脊的设计要体现色彩的对比与和谐之美以及色彩的多样统一之美。书脊设计中色彩的强对比关系多用于书名的设计中，一方面体现在书名本身的颜色原则上，另一方面还体现在书名颜色与背景颜色的搭配上。色彩对比强烈，可以突出文字的形体，增强视觉效果，即能够在更短的时间内引起读者关注。书脊色彩的弱对比多体现在次要文字信息的色彩选择以及图形与背景的色彩处理上。无论是哪种对比，都不是完全独立的，而是在整体和谐的基础上的对比。不同的色彩给人以不同的视觉感受，每种颜色都有它自己的特征与内涵，可以传达给人不同的信息。设计者可以将多样的色彩赋予书脊，多彩的图形、背景和文字可以让书脊的内容更丰富，从而使书脊摆脱单调的效果。色彩的变化会起到活跃书脊的作用，但只有控制好书脊上色彩关系，才不会使书脊因为色彩太过活跃而混乱。

一位新华书店的负责人曾提到："目前只有大型书店才有条件把书摊开来展示，而全国中小型的书店很多，他们售书的方式只是把书放在书架上，读者在购书时看到的只有书脊。”可见图书在销售环节中，多数为书架上陈列展示的形式，此时的书脊则起到了“广告”的作用，但这并不是书脊全部的功能所在。书脊是书的重要组成部分，在结构上，它有着存在的必然性，它可以连接封面与封底，它是书页装订而形成的特有形态。有人将书脊形象地称为“书籍之眼”，这是因为书脊虽然空间很小，但是却像书的眼睛一样，可以传神，同时也是一本书的窗口。在视觉传达的功能上，它可以方便人们查找图书，搜寻信息。通过对书脊的设计，可以改变书脊的形态，从而获得新的功能，或者得到更美观的形式，再或者仅仅是在设计过程中有所思考、有所体会。

书脊与书是“部分”与“整体”的关系。书脊设计，不仅是对书脊这一个体的设计，更是从书脊的角度出发，对书籍进行整体的设计，从而使一本书更完整、更完美。如今书籍设计领域一直提倡“整体设计”，就是要求设计者对待一本书，首先要从宏观把握，再到细节的推敲，最终再回归到宏观进行调整。在设计与传播的过程中，新的设计理念在实践探索中得以实现。现代许多优秀的书籍设计作品，以及一些手制书、概念书的设计，在结构、形态、材质等方面都有所突破，设计者也开始从书脊、切口、装订方式等细节处入手思考和探索书籍设计，并将他们的理念传达给读者。书脊还有多少种可能性，这是我们无法预知的，随着技术的进步，人们认识事物理解事物的能力不断提高，新潮的设计理念会影响着书籍设计，未来图书的书脊设计也定会有更大的发展空间。

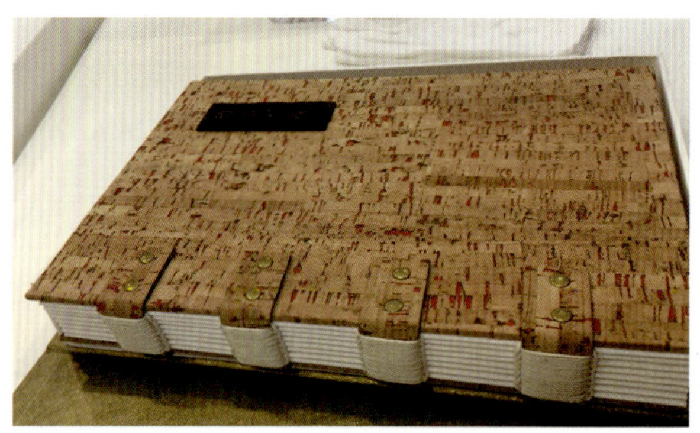

GDC
平面设计在中国
大连理工大学出版社

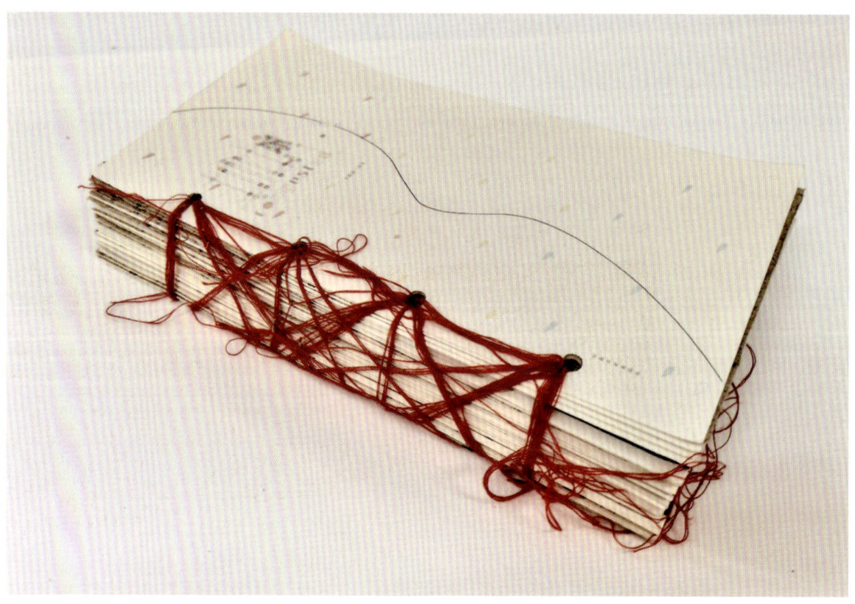

Disney
MICKEY MOUSE
米老鼠黑白经典漫画
旷课检察官米奇
Disney
MICKEY MOUSE
米老鼠黑白经典漫画
高飞的狼人诅咒
Disney
MICKEY MOUSE
米老鼠黑白经典漫画
米奇与侄子们

SC5
SPECIAL COMIX

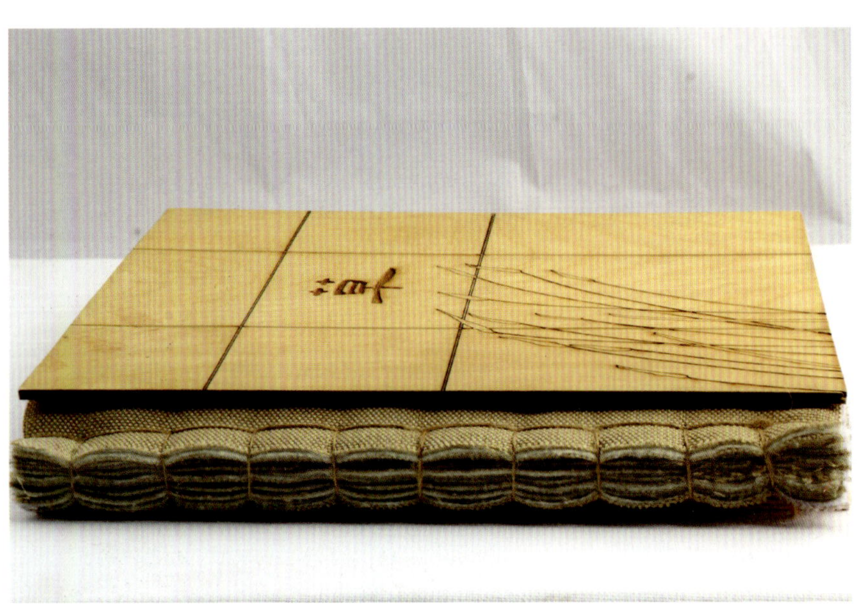

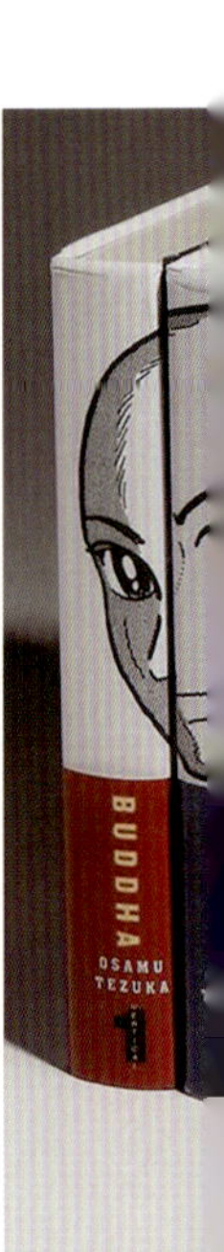
BUDDHA
OSAMU TEZUKA
1

HARRY
POTTER
AND THE
DEATHLY HALLOWS
J.K. ROWLING
1
2
3
4
5
6
7

BUDDHA
OSAMU TEZUKA
5
BUDDHA
OSAMU TEZUKA
6
BUDDHA
OSAMU TEZUKA
7
BUDDHA
OSAMU TEZUKA
8

POETRY
Walt Whitman
17TH & 18TH CENTURIES
19TH CENTURY VOL 1
19TH CENTURY VOL 2
20TH CENTURY VOL 1
20TH CENTURY VOL 2

I
II
III
IV
V
PERCY JACKSON
RIORDAN
THE LIGHTNING THIEF
THE SEA OF MONSTERS
THE TITAN'S CURSE
THE BATTLE OF THE LABYRINTH
THE LAST OLYMPIAN
Disney HYPERION

INVISIBLE MAN
JUNETEENTH
GOING to the TERRITORY
FLYING HOME
SHADOW and ACT
TRADING TWELVES
The Selected Letters of Ralph Ellison & Albert Murray
ELLISON
VINTAGE

untitled #2.
(these, this _ these)

I
FEEL
BETTER

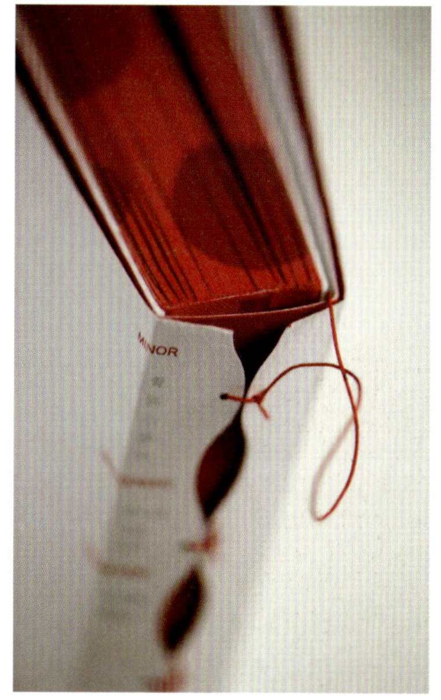
MINOR

MINOR
ORTHOPEDIC
OPERATION